LE PETIT LIVRE DE

kakuro pour la salle de bain

TERRY STICKELS

Traduit de l'anglais
par Sophie DesHaies

Éditeur : François Doucet
Traduction : Sophie DesHaies
Révision linguistique : Féminin Pluriel
Correction d'épreuve : Marie-Lise Poirier, Isabelle Veillette
Mise en page : Sébastien Michaud
Montage de la couverture : Matthieu Fortin
Grille créées par : Terry Stickels
Illustrations : James Carson
ISBN 978-2-89565-811-5
Première impression : 2008
Dépôt légal : 2008
Bibliothèque et Archives nationales du Québec
Bibliothèque Nationale du Canada

Éditions AdA Inc.
1385, boul. Lionel-Boulet
Varennes, Québec, Canada, J3X 1P7
Téléphone : 450-929-0296
Télécopieur : 450-929-0220
www.ada-inc.com
info@ada-inc.com

Diffusion

Canada :	Éditions AdA Inc.
France :	D.G. Diffusion ZI de bogues 31750 Escalquens – France Téléphone : 05.61.00.09.99
Suisse :	Transat - 23.42.77.40
Belgique :	D.G. Diffusion - 05.61.00.09.99

Imprimé au Canada

Participation de la SODEC.

Nous reconnaissons l'aide financière du gouvernement du Canada par l'entremise du Programme d'aide au développement de l'industrie de l'édition (PADIÉ) pour nos activités d'édition.
Gouvernement du Québec - Programme de crédit d'impôt pour l'édition de livres - Gestion SODEC.

Catalogage avant publication de Bibliothèque et Archives nationales du Québec et Bibliothèque et Archives Canada

Stickels, Terry H.

Le petit livre pour la salle de bain de kakuro

Traduction de : The Little Book of Bathroom Kakuro.
ISBN 978-2-89565-811-5
1. Kakuro. 2. Casse-tête logiques. 3. Jeux mathématiques. I. Titre.

GV1507.K35S7414 2008 793.74 C2008-941055-6

Introduction

Célèbre pour ses règles simples, son format invitant et ses possibilités stupéfiantes, le kakuro est maintenant internationalement aussi acclamé que le sudoku. Souvent appelé « cross-sums » (addition en croix) aux États-Unis, « kakuro » au Royaume-Uni, et « kakro » au Japon, ce jeu numérique stimulant mettra votre patience à l'épreuve et aiguisera votre esprit. Il vous procurera des heures de plaisir et vous ne pourrez plus vous en passer.

Comment jouer

Le kakuro se joue dans une grille formée de cases noires et blanches. La rangée du haut et la colonne de gauche sont toujours constituées de cases noires. Les cases blanches sont vides et forment une grille de colonnes verticales et de rangées horizontales, comme pour les mots croisés. On nomme chaque colonne ou rangée une « série ». Vous devez inscrire un nombre de 1 à 9 dans chaque case d'une série et les additionner afin d'arriver à la somme fournie. Les nombres ne peuvent pas se répéter dans une même série ; ainsi, il n'existe qu'une seule solution logique pour chaque grille de de kakuro. Les cases noires sont vides (et peuvent être ignorées) ou contiennent des barres obliques qui divisent les cases en deux parties. Les nombres inscrits dans ces parties se nomment « indices », car ils indiquent la somme que vous devez obtenir pour chaque série. Un indice dans la partie inférieure d'une case se rapporte à la colonne de dessous. (Voir l'exemple ci-dessous « 8 vertical ».)

De même, un indice dans la partie supérieure de la case se rapporte à la rangée à sa droite. (Voir l'exemple ci-contre « 15 horizontal ».)

Astuces et stratégies

Bien que vous puissiez procéder par essais et erreurs, il existe des stratégies plus efficaces qui permettent de déterminer les combinaisons de nombres possibles et leur position pour chaque série.

L'une des stratégies consiste à comparer les suites possibles de nombres d'une série avec d'autres suites de nombres qui s'entrecroisent. Trouver des nombres communs à ces deux suites vous aidera à remplir les cases. Par exemple, disons que deux séries s'entrecroisant ont chacune deux cases, et que l'indice d'une des séries est 3, et l'autre, 4. La première série doit se composer de 1 et de 2, ou vice versa, tandis que l'autre série doit se composer de 1 et de 3, ou vice versa, puisque 2 ne peut se répéter. Ainsi, la case où ils s'entrecroisent doit contenir 1, étant donné que c'est le seul nombre qu'ils ont en commun.

Une autre technique, appelée « technique par zone », est un peu plus complexe, mais elle est tout de même utile. Vous pouvez vous en servir uniquement lorsque vous avez une zone de cases blanches reliée au reste de la grille par une ou plusieurs autres cases. Voici comment procéder : additionnez les indices des séries horizontales de la zone (en prenant soin de soustraire les valeurs des nombres déjà inscrits) et soustrayez les indices des séries verticales de la zone. La différence vous donne la valeur de la case ou des cases qui relient la zone et le reste de la grille. (Pour une démonstration de cette technique, voir ci-contre la grille mise en exemple.)

Puisque vous ne pouvez utiliser un nombre supérieur à 9, les séries avec des indices très élevés ou très bas pour leur nombre de cases auront moins de combinaisons possibles, ce qui les rend un peu plus faciles à compléter. Cherchez ce genre de série quand vous êtes coincés.

C'est une pratique courante d'écrire les nombres possibles dans le coin d'une case, jusqu'à ce que la preuve démontre qu'ils sont tous impossibles, à l'exception d'un seul. Pour des grilles plus difficiles, tous les choix peuvent être inscrits jusqu'à ce que les séries qui s'entrecroisent aient suffisamment de contraintes pour limiter la solution à une seule possibilité.

Maintenant que vous disposez de quelques stratégies de base, mettons-les en pratique !

Exemples de grille et comment procéder

Nous allons commencer par résoudre cette grille de kakuro, case par case, en trouvant les nombres communs des séries qui s'entrecroisent. La façon la plus facile de résoudre une grille de kakuro consiste à débuter par les séries les plus courtes.

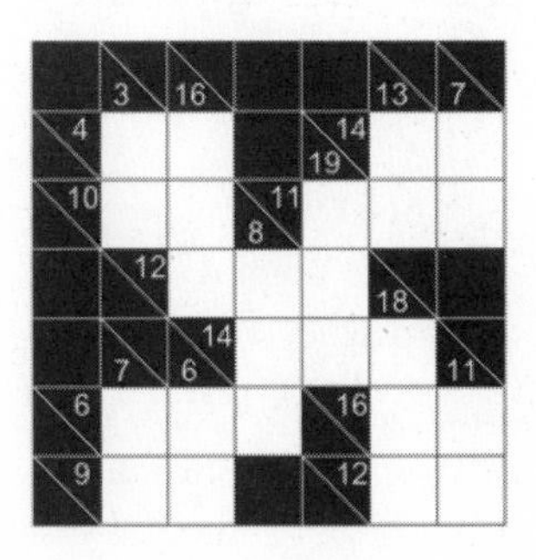

La première série horizontale dans le coin supérieur gauche de la grille a un indice de « 4 horizontal », et la première série qui l'entrecroise a un indice de « 3 vertical ». Il existe deux façons d'obtenir la somme de 4 avec seulement deux nombres, soit 1 + 3, soit 2 + 2. Puisqu'un nombre ne peut être utilisé qu'une seule fois dans une série, la bonne réponse est 1 + 3. Maintenant, comment savoir dans quelle case inscrire le 1, et dans quelle case inscrire le 3 ? Retournons au « 3 vertical ». La somme de 3 ne peut être obtenue que par l'addition de 1 et 2. Le seul nombre commun de ces deux séries étant 1, nous l'inscrivons donc dans la case où ces deux séries se croisent.

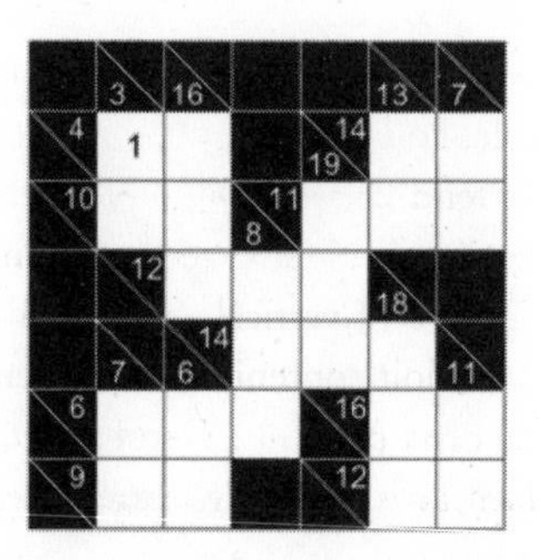

Dès que vous avez trouvé l'emplacement d'un des nombres d'une série à deux cases, il est facile de déterminer l'autre nombre. Dans ce cas-ci, la deuxième case de « 4 horizontal » est 3 (4 - 1), et la deuxième case de « 3 vertical » est 2 (3 - 1). Vous pouvez maintenant compléter « 10 horizontal » et « 16 vertical » en utilisant de simples soustractions.

■	3	16	■	■	13	7
4	1	3	■	14 / 19		
10	2	8	11 / 8			
■	12	5			18	■
■	7	14 / 6				11
6				16		
9			■	12		

Maintenant, résolvons « 16 horizontal » et « 11 vertical » qui se trouvent dans le coin droit inférieur de la grille. Pour obtenir une somme de 16 en utilisant seulement les nombres de 1 à 9, on se rend compte que seule la combinaison 9 + 7 peut être utilisée, puisque 8 + 8 contrevient à la règle de répétition des nombres. Par contre, il existe plusieurs possibilités pour « 11 vertical » : 2 + 9, 3 + 8, 4 + 7, et 6 + 5. Puisque nous savons que « 11 vertical » doit contenir 9 ou 7 à l'endroit où il croise « 16 horizontal », il ne nous reste que deux possibilités, soit 2 + 9, soit 4 + 7. Pour nous aider à choisir, nous pouvons évaluer des séries qui les entrecroisent, comme « 12 horizontal ». Cette série ne peut contenir le nombre 2, car cela contrevient à la règle des nombres de 1 à 9. Donc, pour « 11 vertical », nous devons utiliser 4 + 7, en inscrivant le 7 dans la case commune de ces séries. Nous devons donc mettre 4 dans la case du coin inférieur droit, ce qui nous permet de compléter le reste des cases en utilisant de simples soustractions.

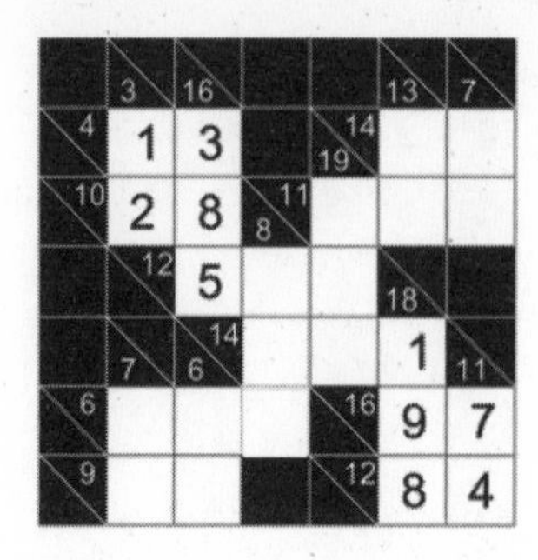

À cette étape du jeu, combiner les indices verticaux et horizontaux ne fournit pas suffisamment d'information. Essayons la « technique par zone ». Prenons le coin inférieur gauche de la grille. Il y a une petite zone qui est unie au reste de la grille par une seule case (la case grise). La « technique par zone » nous dicte que la valeur de cette case est la différence entre les indices horizontaux et les indices verticaux de cette zone. Par conséquent, la valeur de la case grise est (6 + 9) - (7 + 6) = 2.

Nous pouvons donc continuer. Le « 6 horizontal » (au bas de la grille) n'a qu'une seule combinaison possible : 1 + 2 + 3. Bien que nous connaissions l'emplacement du 2, nous devons trouver les positions du 1 et du 3. Puisque nous ne pouvons pas écrire 3 dans la case que partage « 6 vertical » (3 + 3 contrevient à la règle de répétition des nombres), le 3 va dans la première case de « 6 horizontal », et le 1, dans la deuxième case. Les autres cases de cette section peuvent être complétées en utilisant de simples soustractions.

En nous servant de la « technique par zone », nous pouvons aussi déterminer les valeurs de la case qui relie la partie supérieure droite au reste de la grille. Les indices horizontaux moins les indices verticaux : (11 + 14) - (13 + 7) = 5.

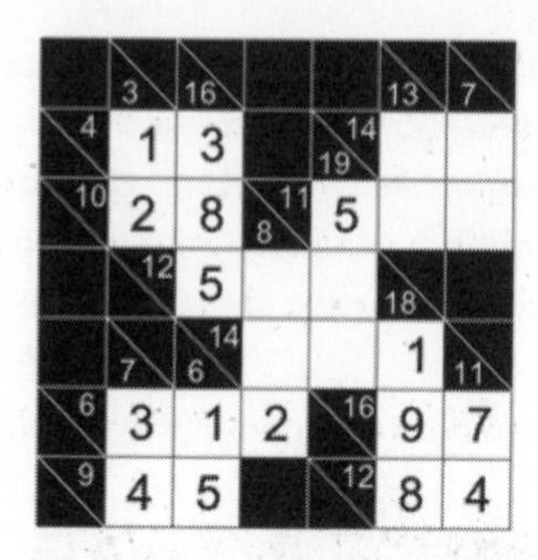

Les cases restantes de « 11 horizontal » doivent avoir une somme de 6. On ne peut compléter par 5 + 1, car le 5 est déjà utilisé dans cette série, et 3 + 3 contrevient à la règle de répétition des nombres. Comme il ne reste que 2 + 4, il s'agit maintenant de déterminer l'ordre. La série « 13 vertical » ne peut contenir que des nombres plus grands que 3. (Astuce : pour le nombre d'une case double, la valeur minimale d'un indice équivaut à 9 de moins que la somme.) Donc, le nombre 2 ne peut être utilisé dans « 13 vertical ». Par conséquent, la deuxième case de « 11 horizontal » est 4, et la dernière case est 2. Faites une soustraction afin de trouver les deux autres nombres de ces séries. Cette opération complète la section supérieure droite.

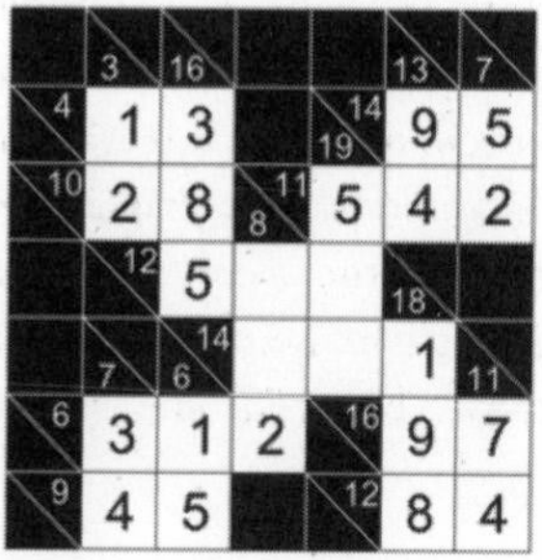

	3\	16\			13\	7\
\4	1	3		19\14	9	5
\10	2	8	8\11	5	4	2
	\12	5			18\	
	7\	6\14			1	11\
\6	3	1	2	\16	9	7
\9	4	5		\12	8	4

Nous touchons au but. Prenons « 8 vertical ». La dernière case contient un 2. La seule combinaison possible pour obtenir 6 est 1 + 5 (puisque 3 + 3 et 4 + 2 contreviennent à la règle de répétition des nombres). Le nombre 5 est déjà utilisé dans « 12 horizontal » ; ainsi 1 doit être mis dans la première case, et 5, dans la seconde. On peut trouver les deux dernières cases de la grille en effectuant des opérations mathématiques simples.

Félicitations ! Vous avez résolu votre première grille de kakuro !

Solution de la grille :

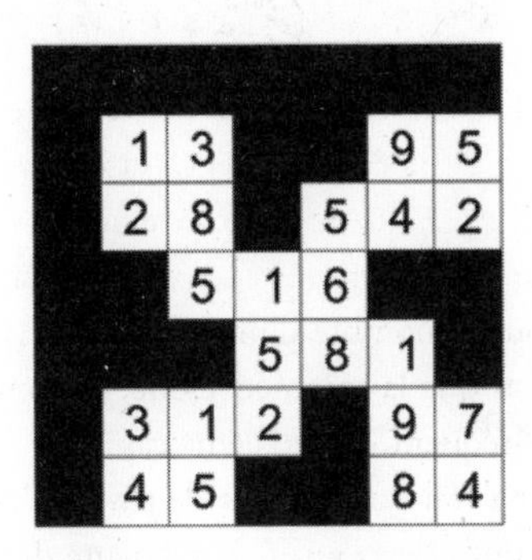

Vous connaissez maintenant presque toutes les techniques dont vous aurez besoin pour résoudre une grille de kakuro. Faites-vous la main sur les grilles de ce recueil, et voyez si vous allez découvrir vos propres stratégies pour les solutionner.

Voici 200 grilles. Note : les grilles sont regroupées selon leur degré de difficulté. Prenez note du nombre d'étoiles inscrites à côté des grilles afin de déterminer si celle que vous choisissez est considérée comme facile (*), raisonnable (**), difficile (***) ou diabolique (****). Si vous avez besoin d'aide, les solutions sont dévoilées dès la page 187.

Bonne chance !

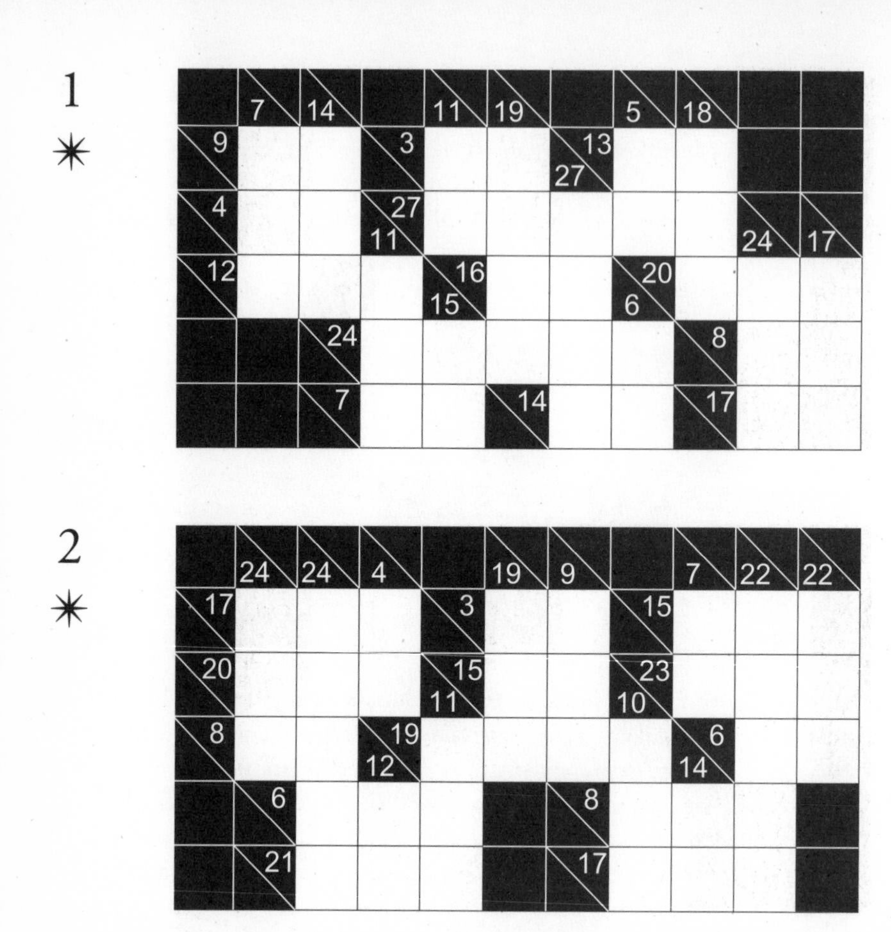

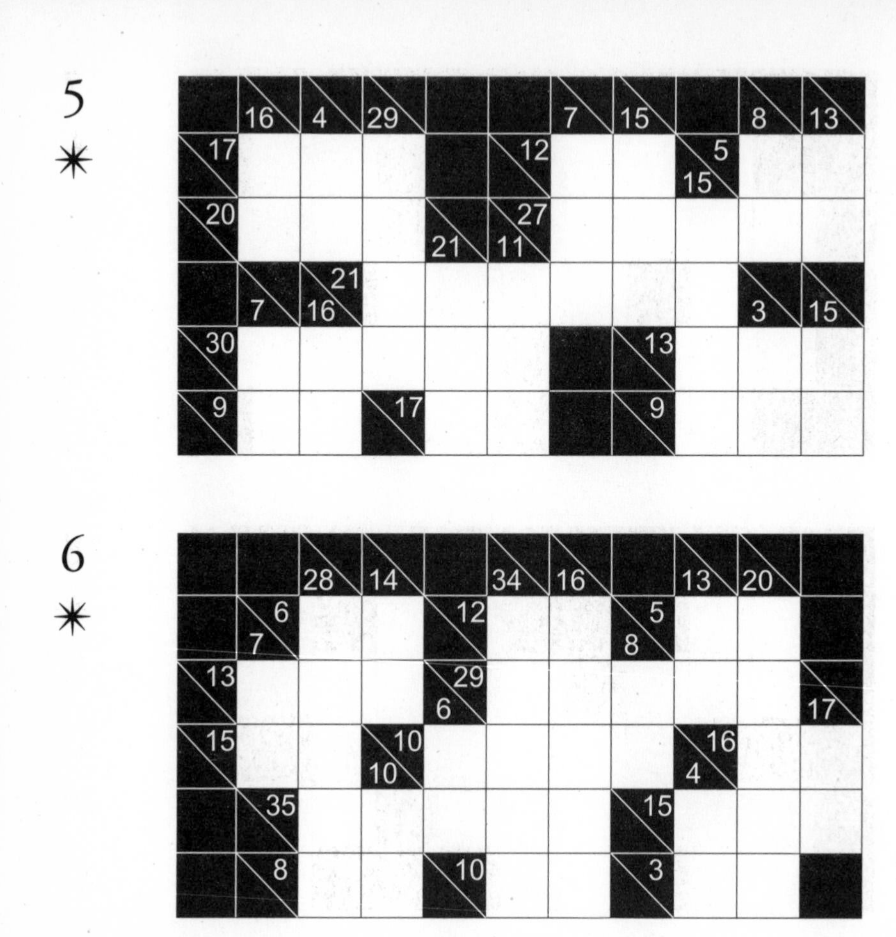

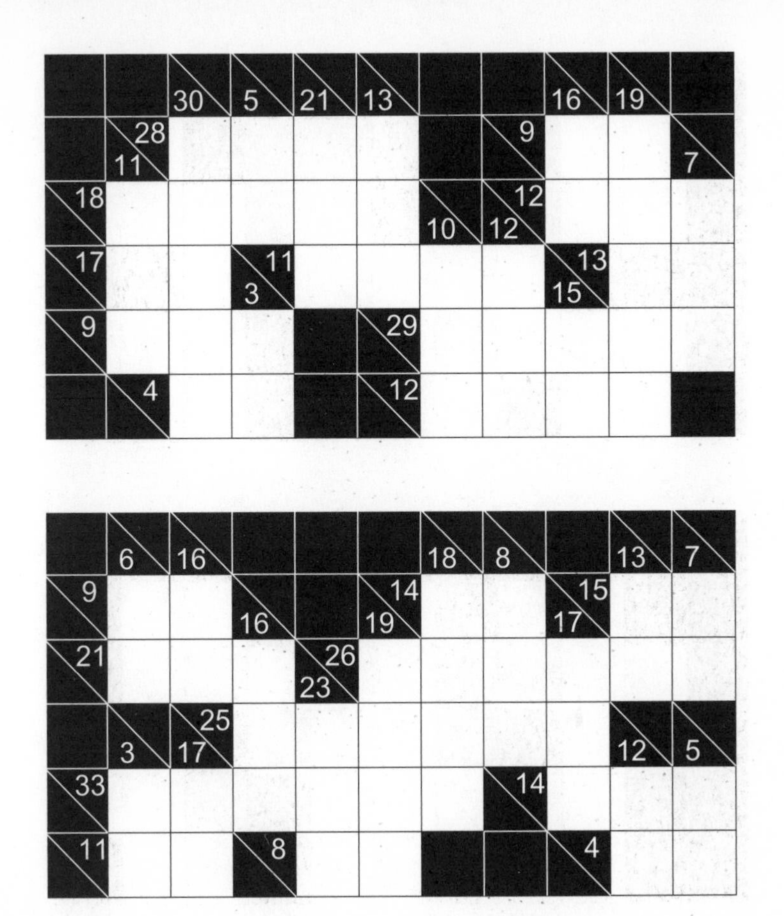
30 5 21 13 16 19
28 11 9 7
18 10 12 12
17 11 3 13 15
9 29
4 12
6 16 18 8 13 7
9 16 14 19 15 17
21 26 23
3 25 17 12 5
33 14
11 8 4

7

✳

8

✳

9

10

11

19 9 33 27 10 4
17 15 27 21
14 17 24 16
7 13 3 8 6
28 16
26 14

12

3 13 16 22 8 12 17
7 14 23 16 21
19 25 21
11 37 4 15 8
32 10
6 5 23

13

✳

23
9
35
22
3
26
16
23
8
11
7
7
17
29
14
8
29
13
10
12
38
13
5
6
4

14

✳

27
5
20
16
4
18
13
7
15
14
6
23
24
18
4
12
11
17
8
11
14
29
9
4
3

16

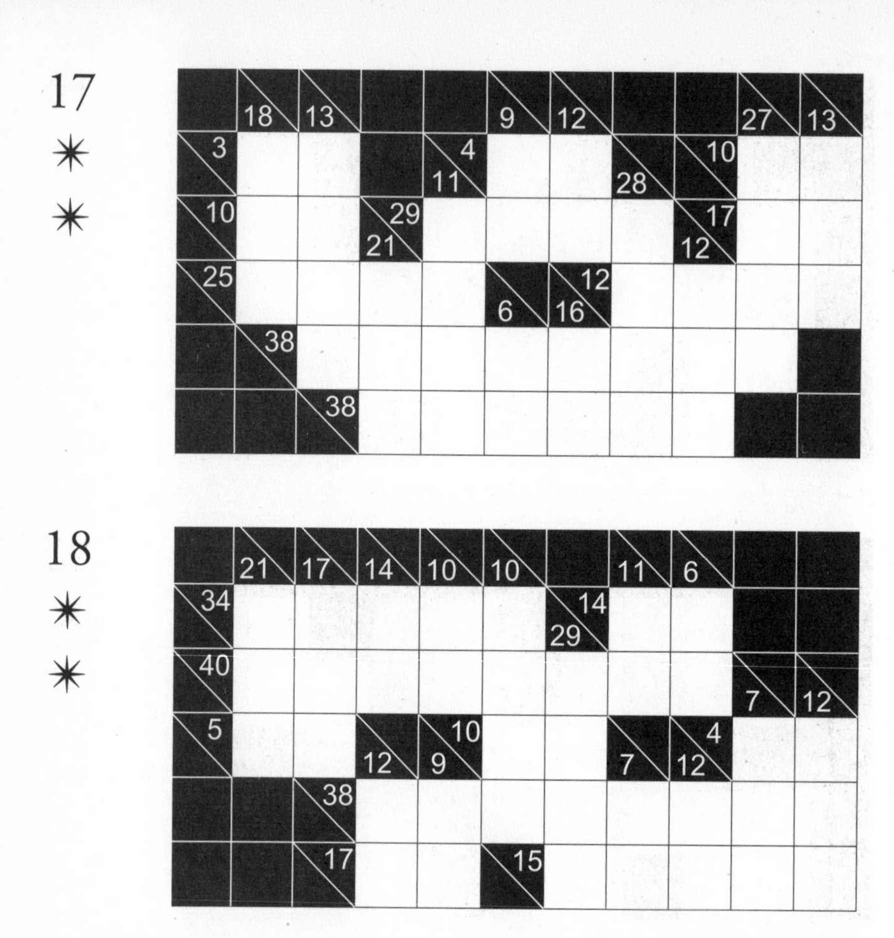
17
18 13 9 12 27 13
3 4 11 28 10
10 29 21 17 12
25 6 12 16
38
38
18
21 17 14 10 10 11 6
34 14 29
40 7 12
5 12 10 9 7 4 12
38
17 15

19

✳
✳

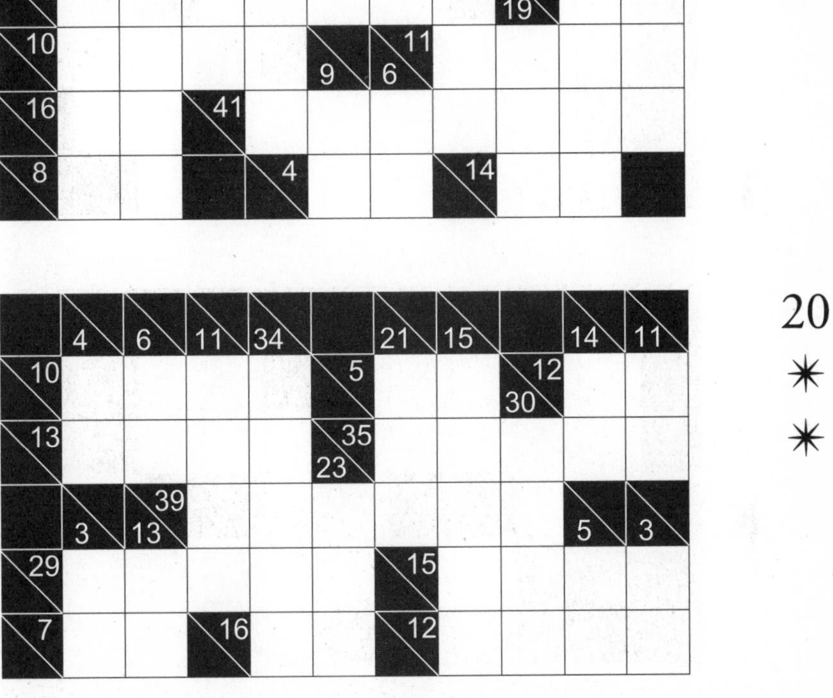

20

✳
✳

21

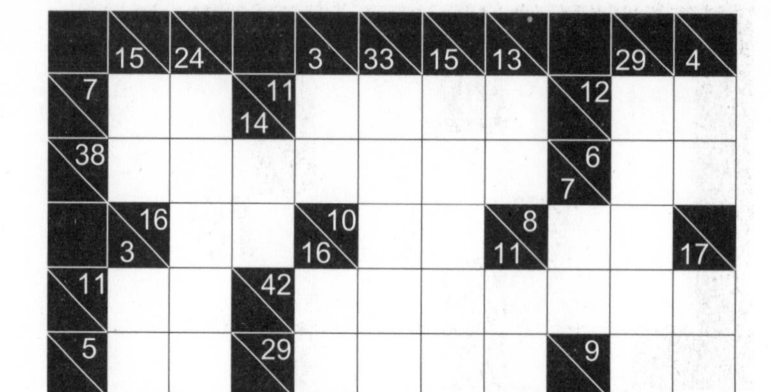

15 24 3 33 15 13 29 4
7 11 14 12
38 6 7
16 3 10 16 8 11 17
11 42
5 29 9

22

27 16 10 18 34 11 17
23 10 11 5 29
6 21 4
12 10 14 12 9
37 24
6 12 10

24

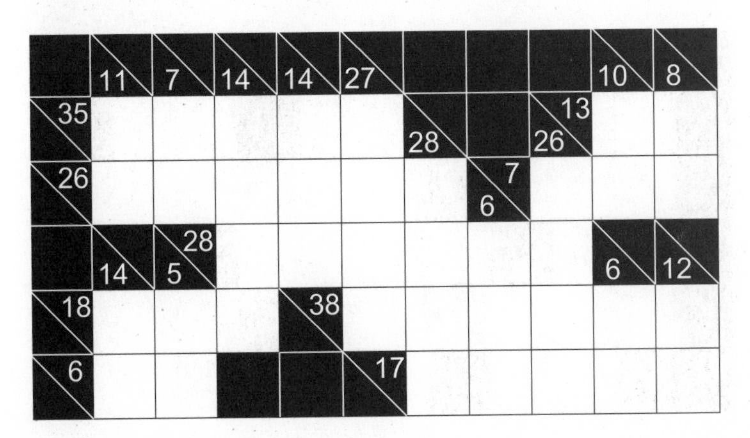

25

✳
✳

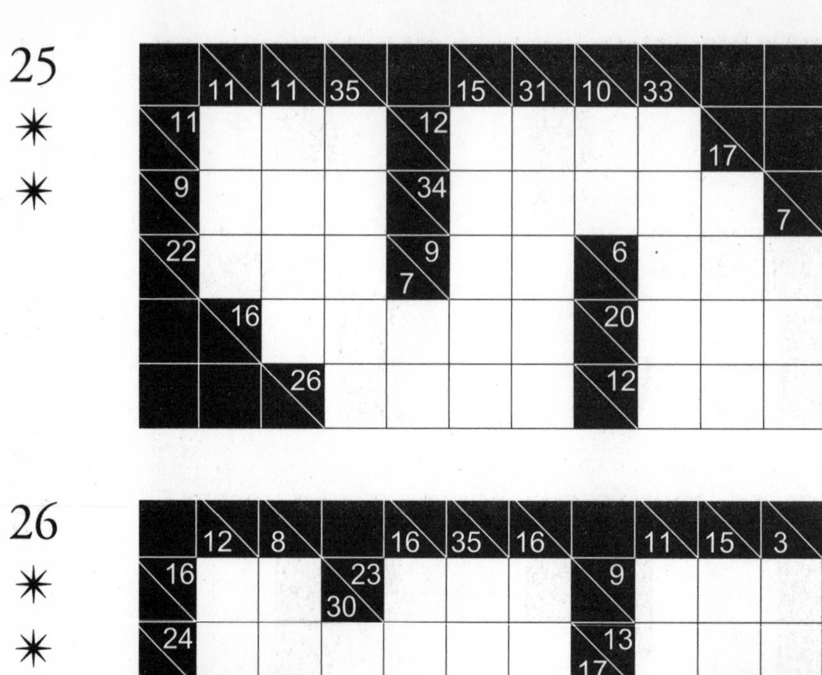
11 11 35 15 31 10 33
11 12 17
9 34 7
22 9 7 6
16 20
26 12

26

✳
✳

12 8 16 35 16 11 15 3
16 23 30 9
24 13 17
6 22 11 15 9
22 39
10 19 7

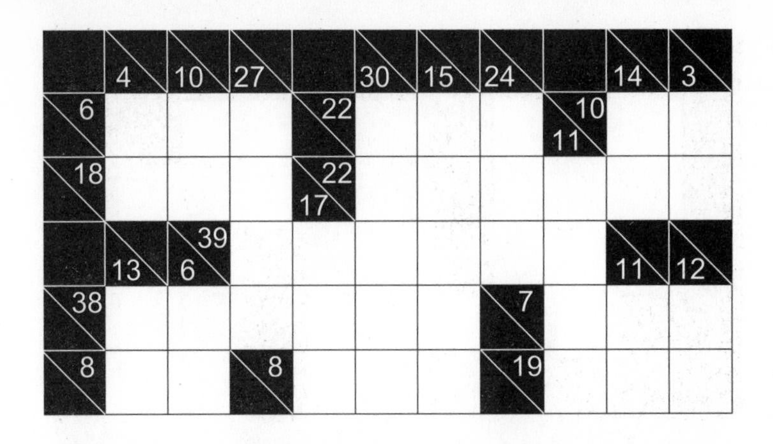

27

*

*

■	12\	16\	■	■	20\	9\	■	■	35\	9\
\4			■	29\15			10\	\16		
\11			10\12					14\10		
■	17\37									12\
\19					■	\11				
\30					■	\28				

28

*

*

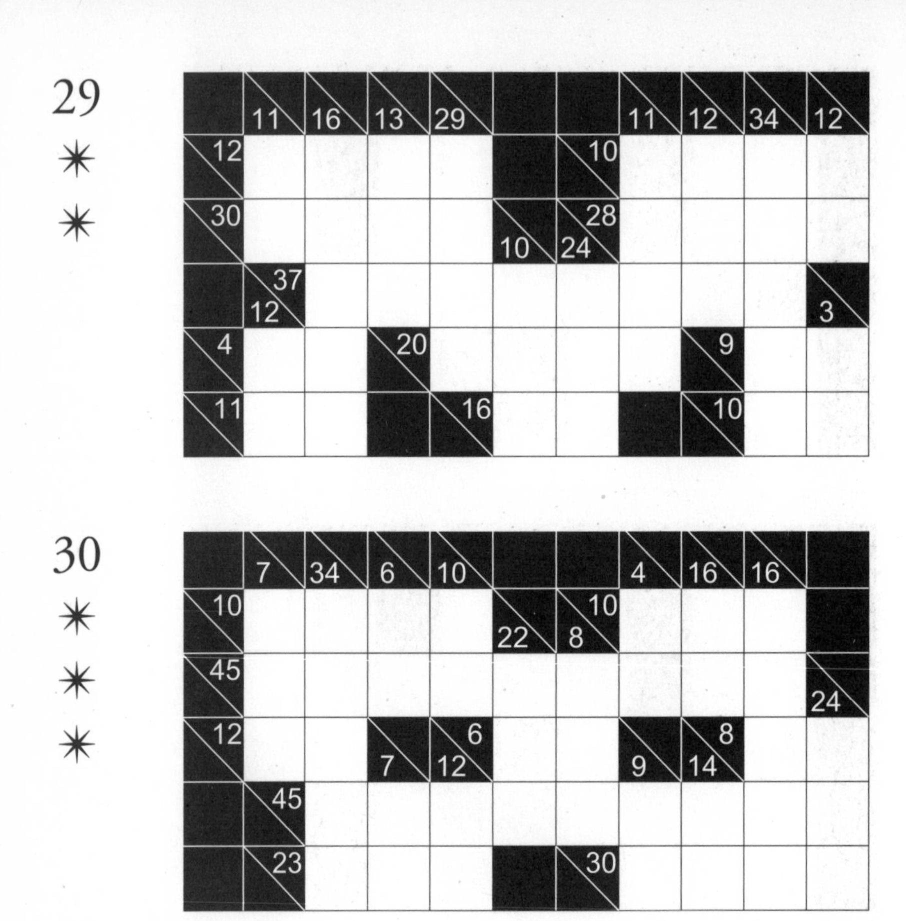
29
30

31

✳ ✳ ✳

32

✳ ✳ ✳

■	34\	17\	■	13\	9\	11\	■	14\	16\	35\
\8			\24				27\8			
\12			20\28							
\10					8\	6\30				
\41								\11		
\23				\7				\8		

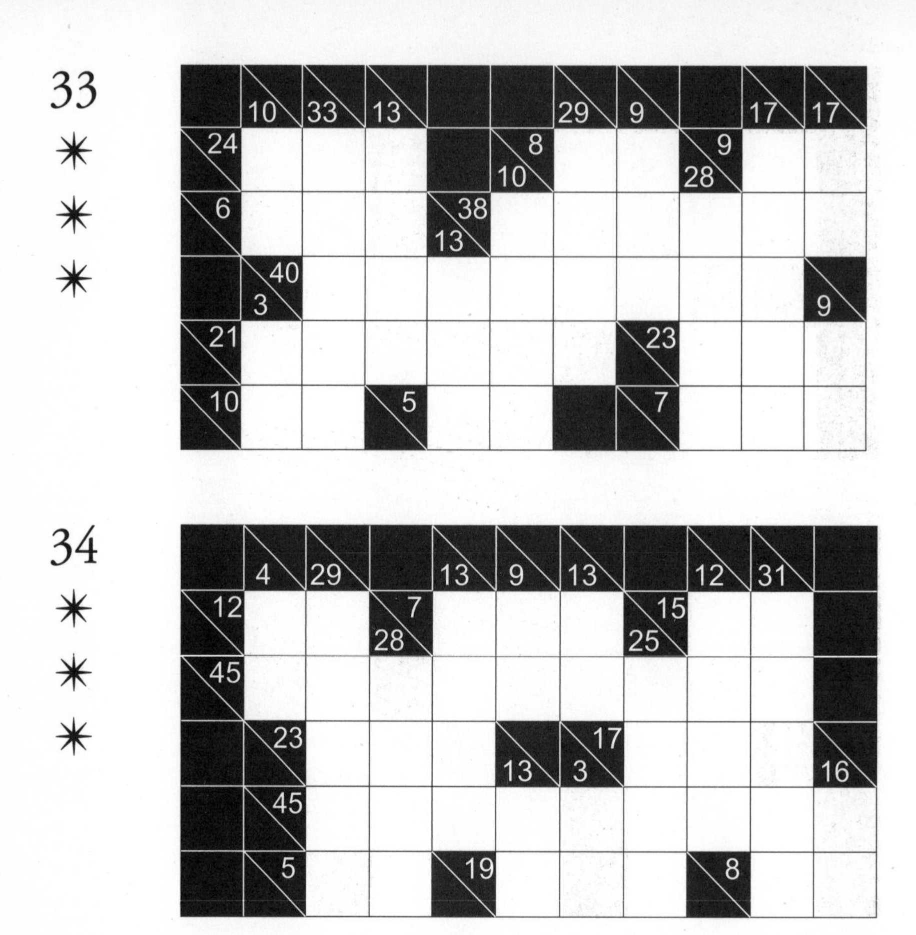
33
10
33
13
29
9
17
17
24
8
10
9
28
6
38
13
40
3
9
21
23
10
5
7
34
4
29
13
9
13
12
31
12
7
28
15
25
45
23
17
13
3
16
45
5
19
8

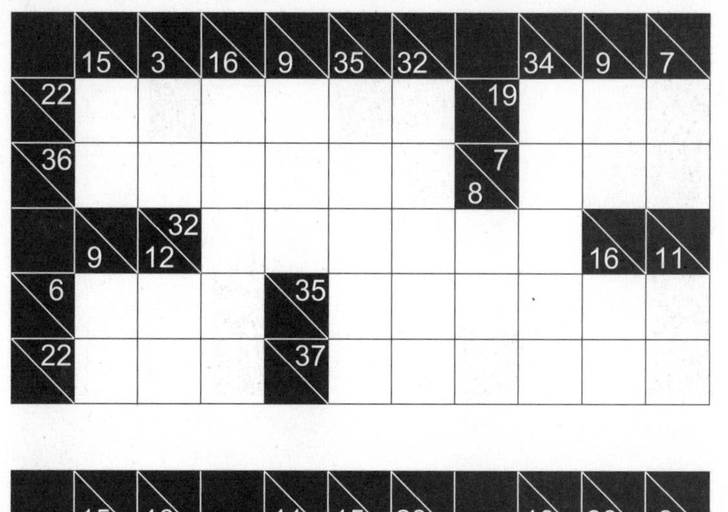

35

✳
✳
✳

	15	16		11	15	28		10	33	9
7			14 29				21			
28							7 24			
	41 10									4
8				22						
23				22				11		

36

✳
✳
✳

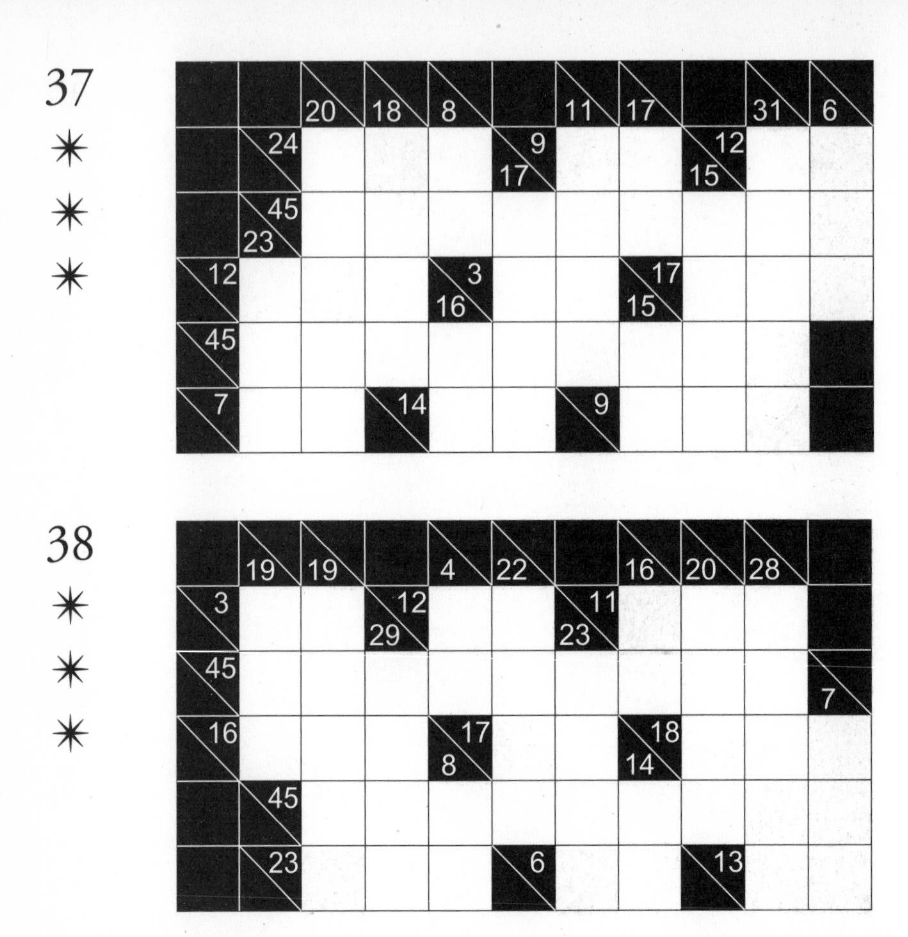
37
20
18
8
11
17
31
6
24
9
17
12
15
45
23
12
3
16
17
15
45
7
14
9
38
19
19
4
22
16
20
28
3
12
29
11
23
45
7
16
17
8
18
14
45
23
6
13

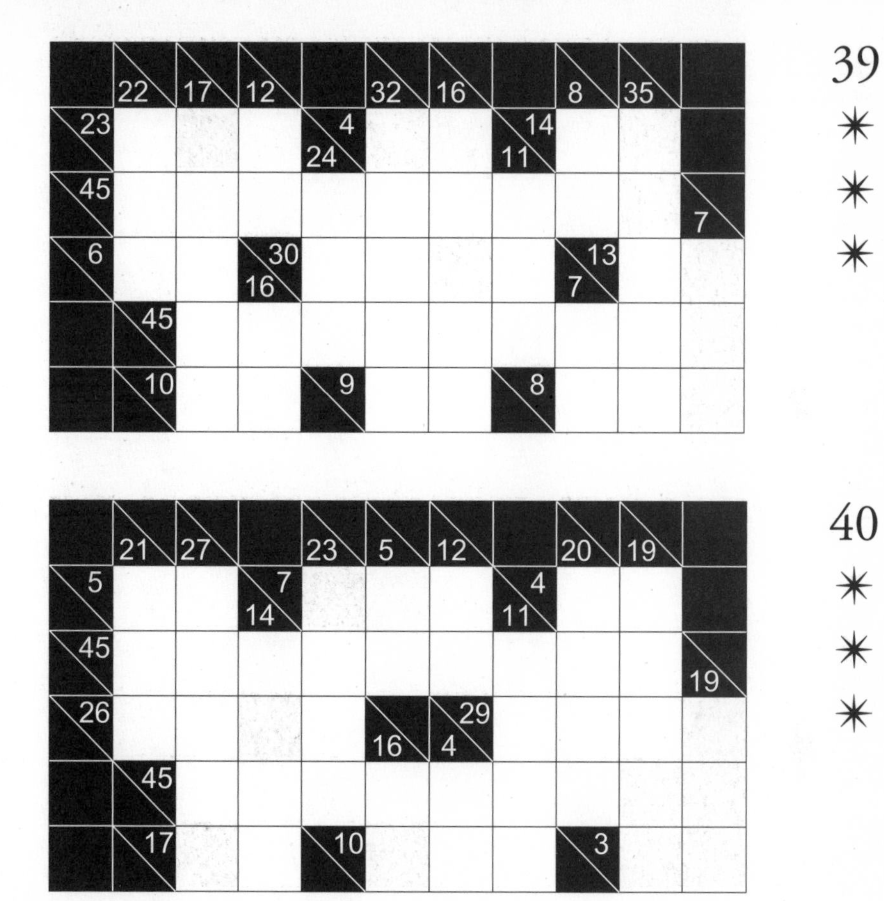
39
22 17 12 32 16 8 35
23 4 24 14 11
45 7
6 30 16 13 7
45
10 9 8
40
21 27 23 5 12 20 19
5 7 14 4 11
45 19
26 29 16 4
45
17 10 3

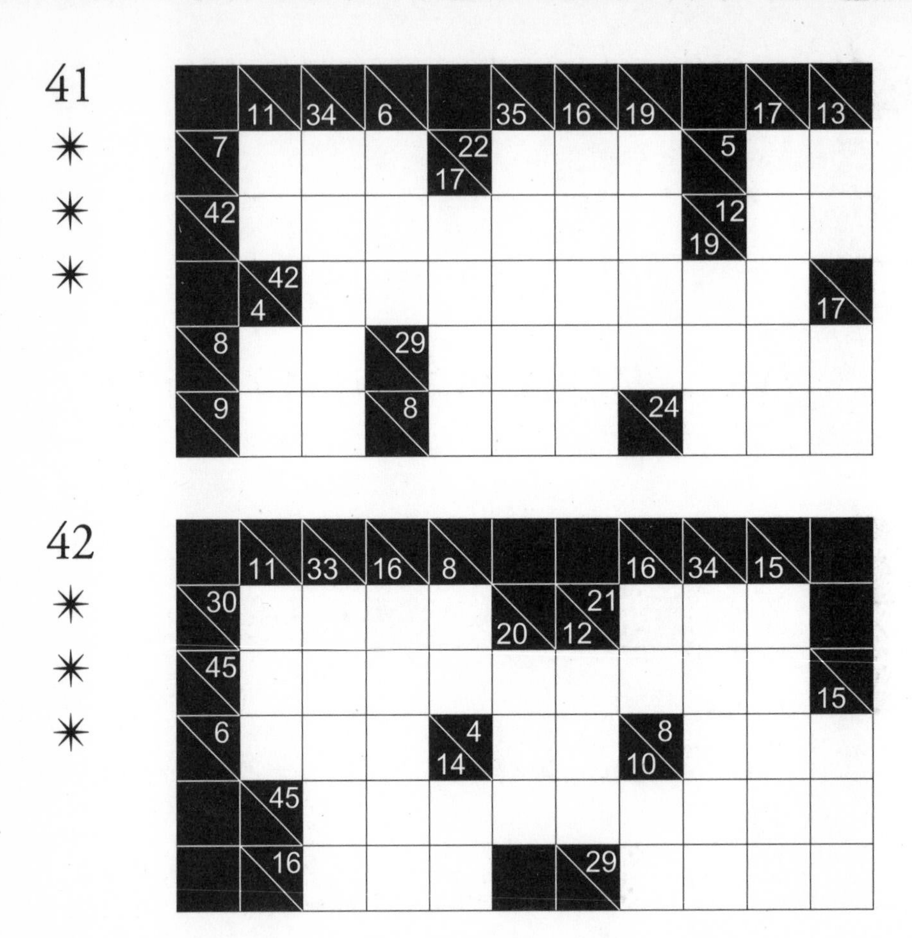
41
11 34 6 35 16 19 17 13
7 22 17 5
42 12 19
42 4 17
8 29
9 8 24
42
11 33 16 8 16 34 15
30 20 21 12
45 15
6 4 14 8 10
45
16 29

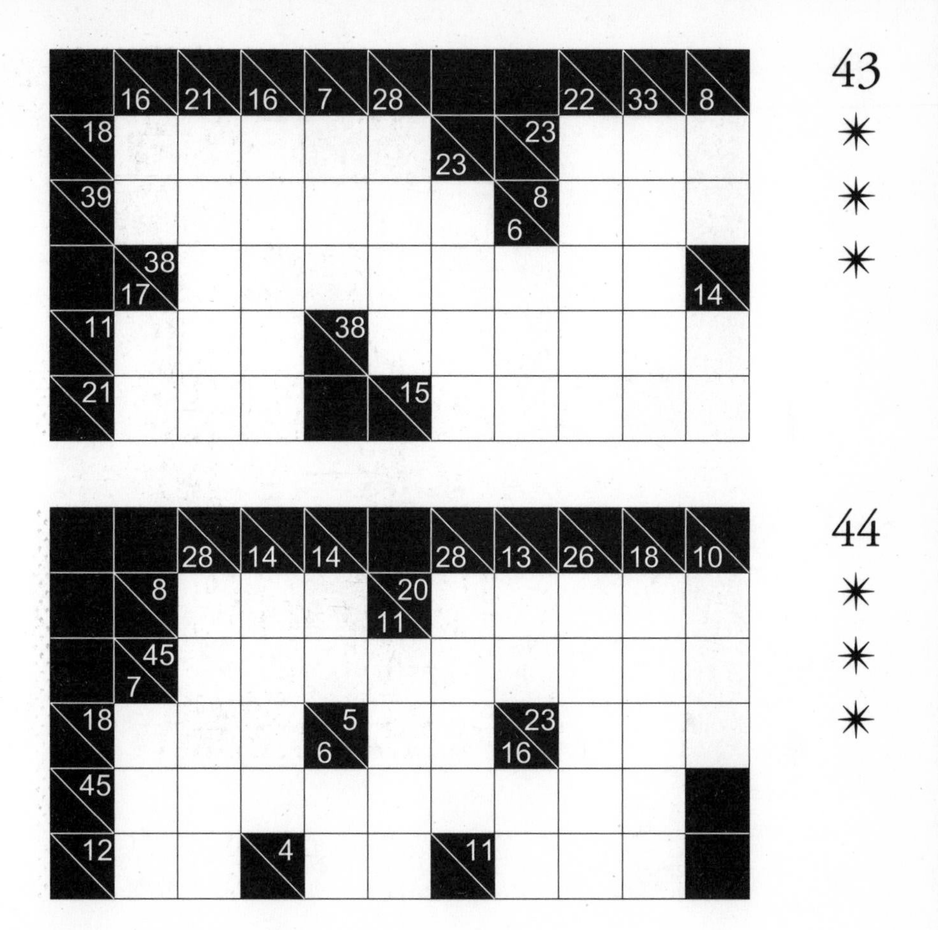
43
44

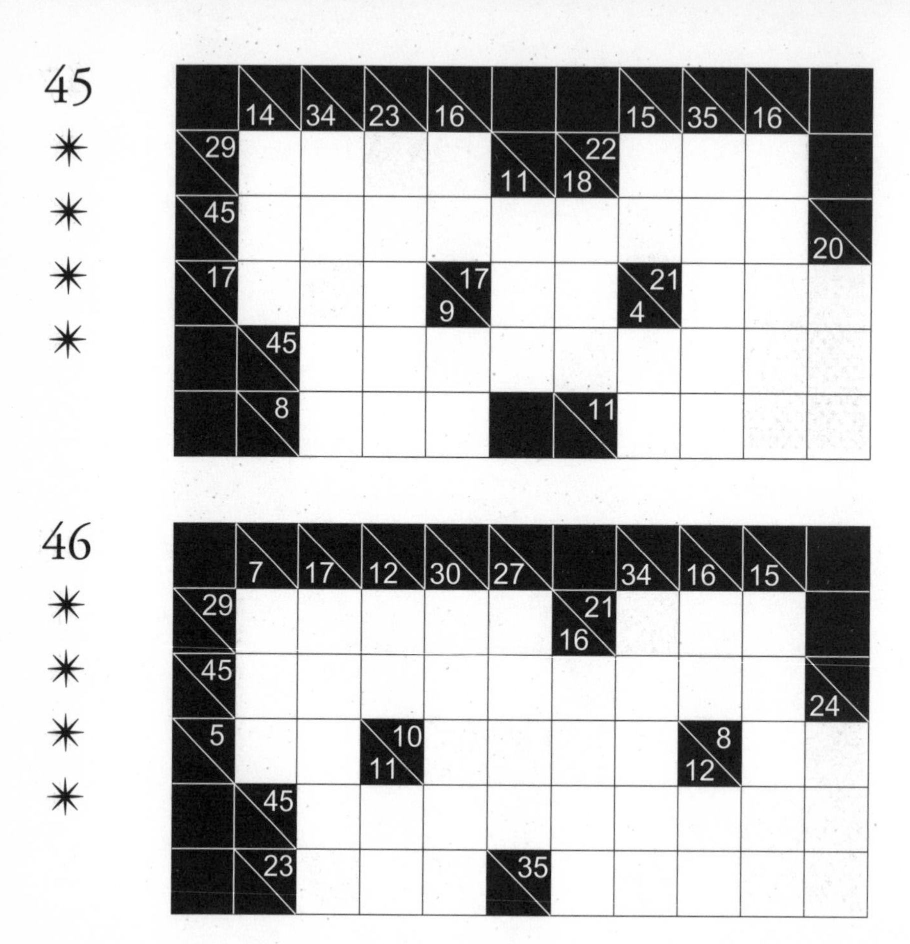
45
14 34 23 16 15 35 16
29 11 22 18
45 20
17 17 9 21 4
45
8 11
46
7 17 12 30 27 34 16 15
29 21 16
45 24
5 10 11 8 12
45
23 35

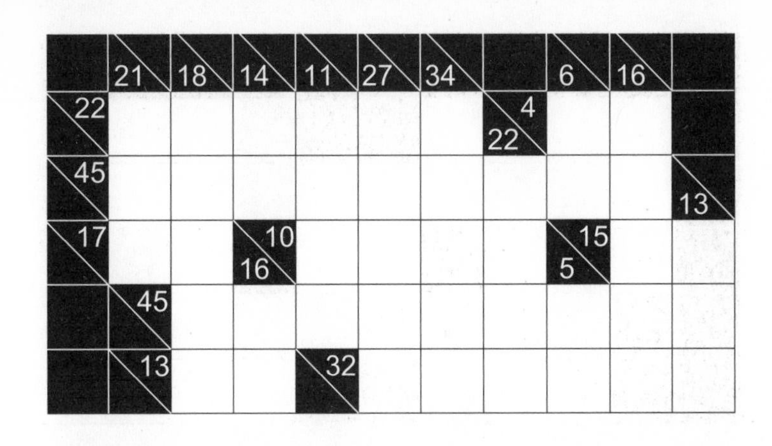

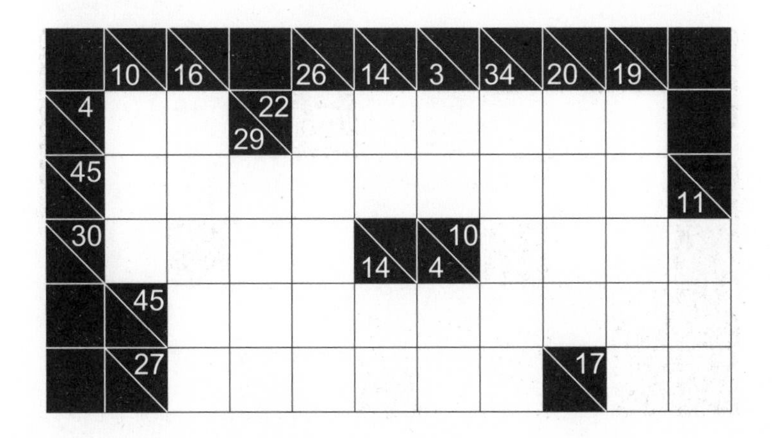

48

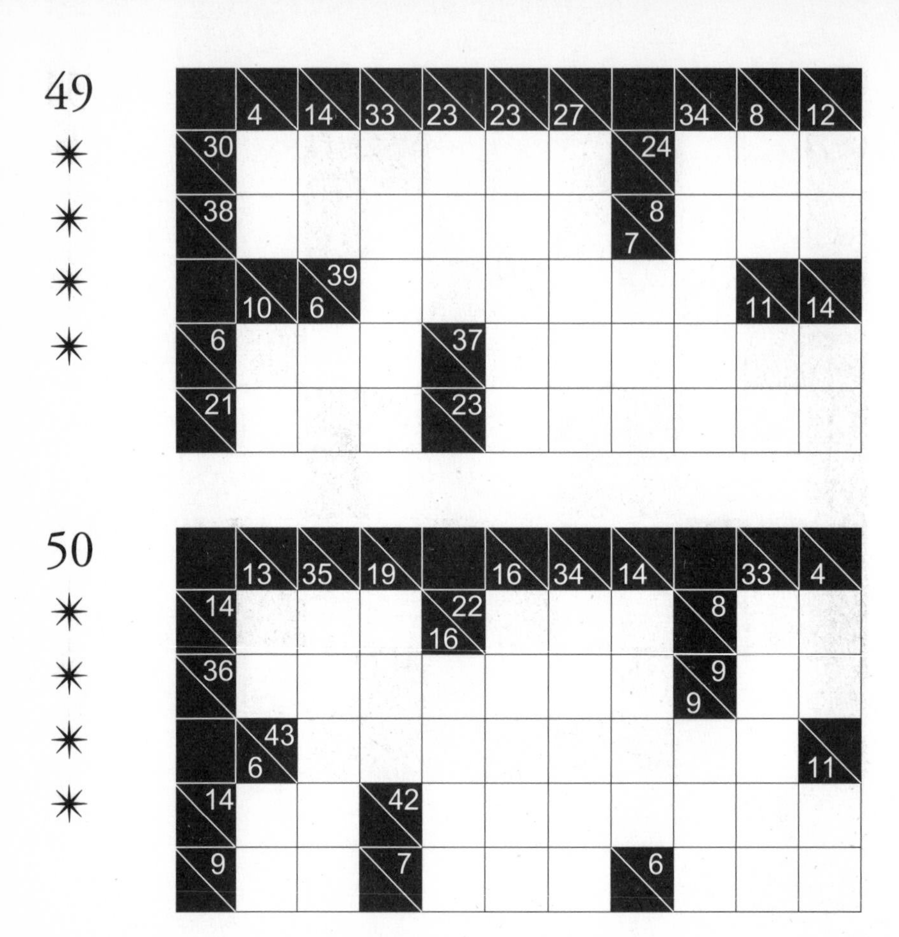
49
50

51

✳

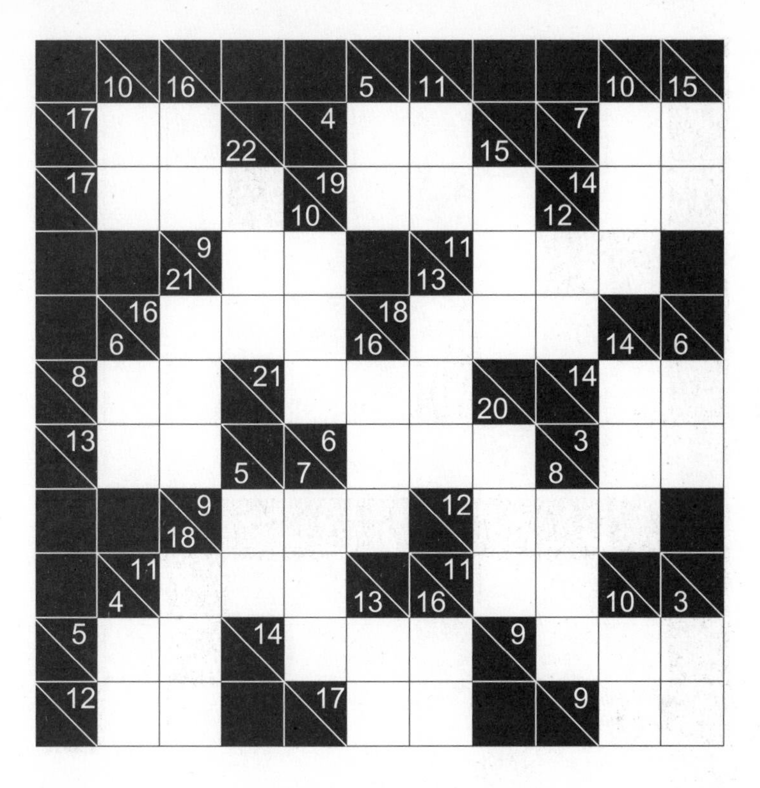

52

✳

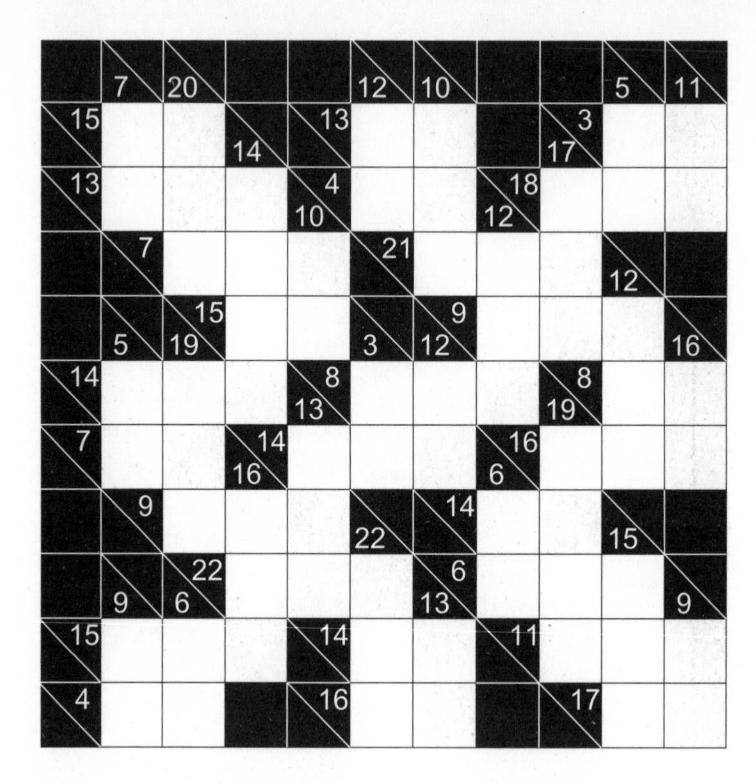

7
20
12
10
5
11
15
14
13
3
17
13
4
10
18
12
7
21
12
15
5
19
3
9
12
16
14
8
13
8
19
7
14
16
16
6
9
22
14
15
22
9
6
6
13
9
15
14
11
4
16
17

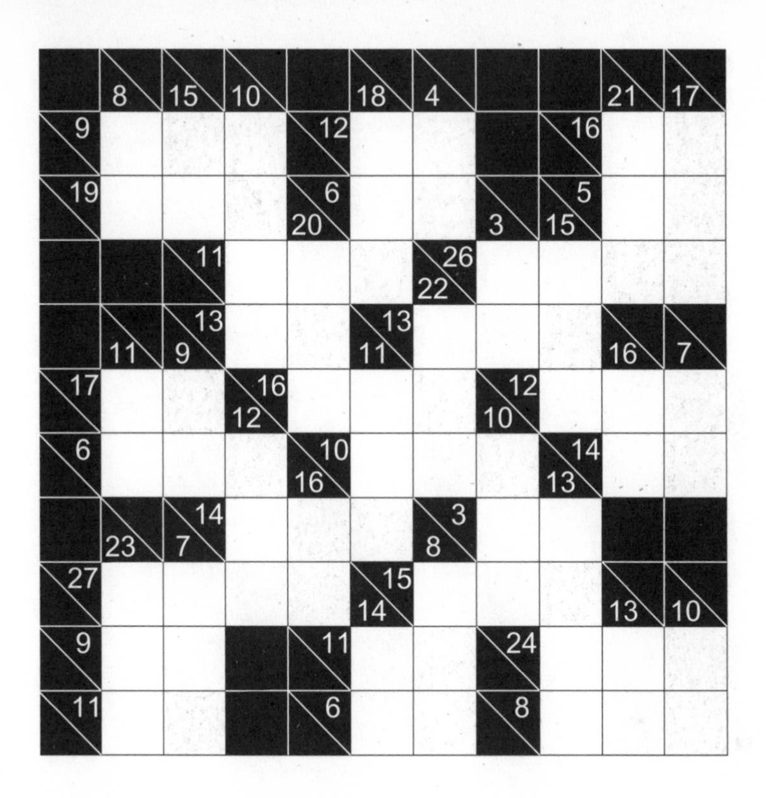

53

✳

54

✳

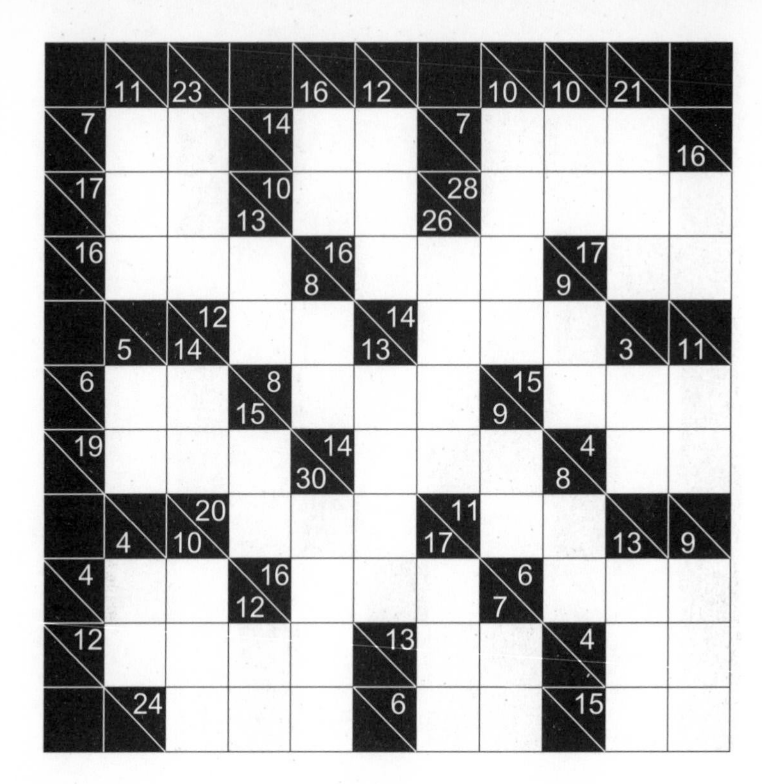

55

✳

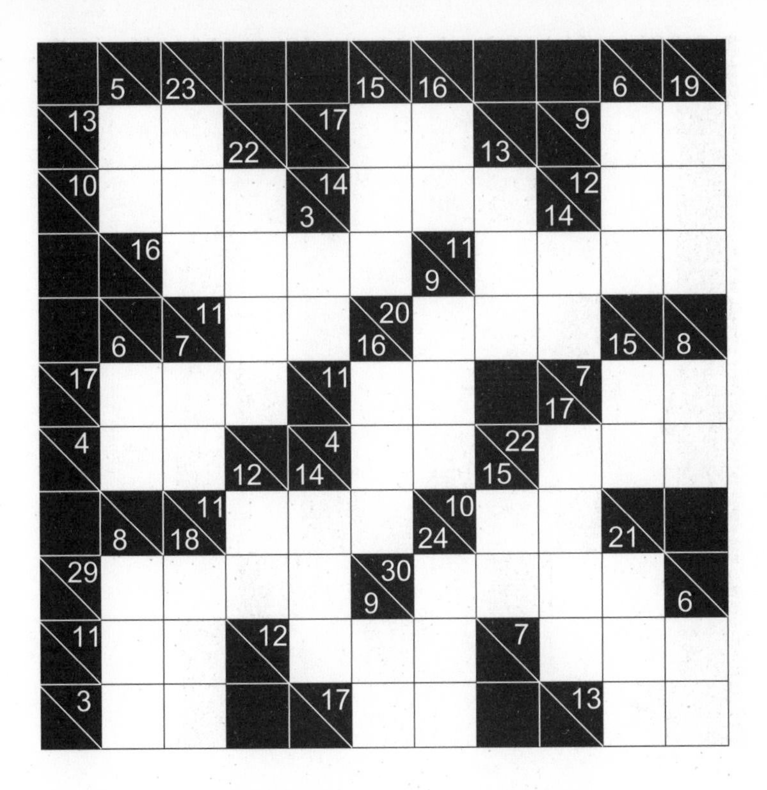

56

*

7 19 8 19 11 23
11 5 17
12 10 16 15 12 7 5
12 29 14
6 20 9 3 16 6 15
13 16 8 7 9
4 6 12 17 8
18 13 9 15 21 24 17
18 13 8
3 14 17
15 10 16

57

✳

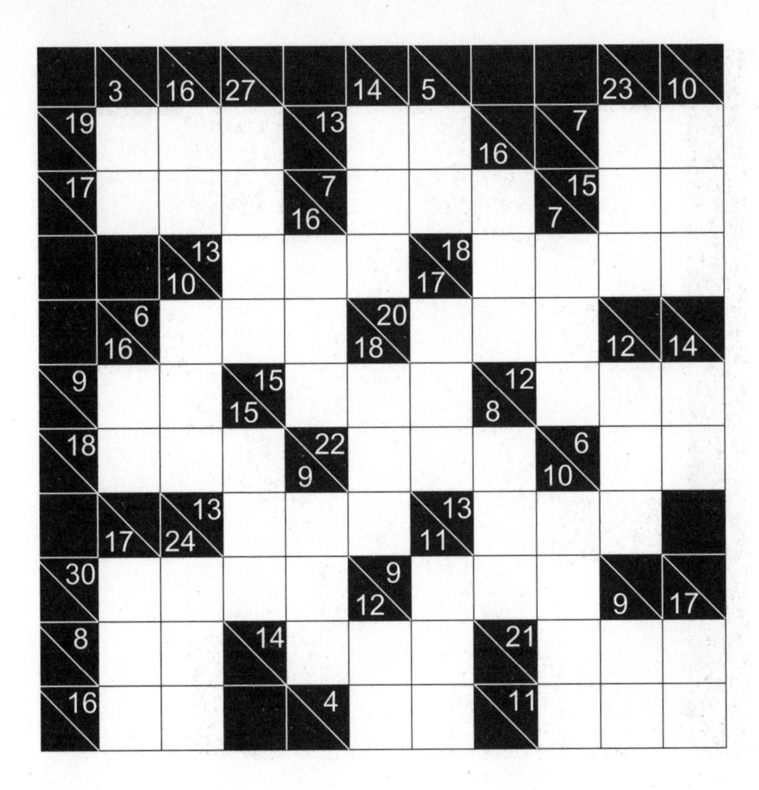

58

*

19
17
14
23
6
13
24
11
10
14
22
15
17
21
16
18
12
19
6
7
9
7
5
13
4
17
8
20
13
12
29
8
18
19
14
10
21
20
16
11
24
7
3
13
15
30
23
7

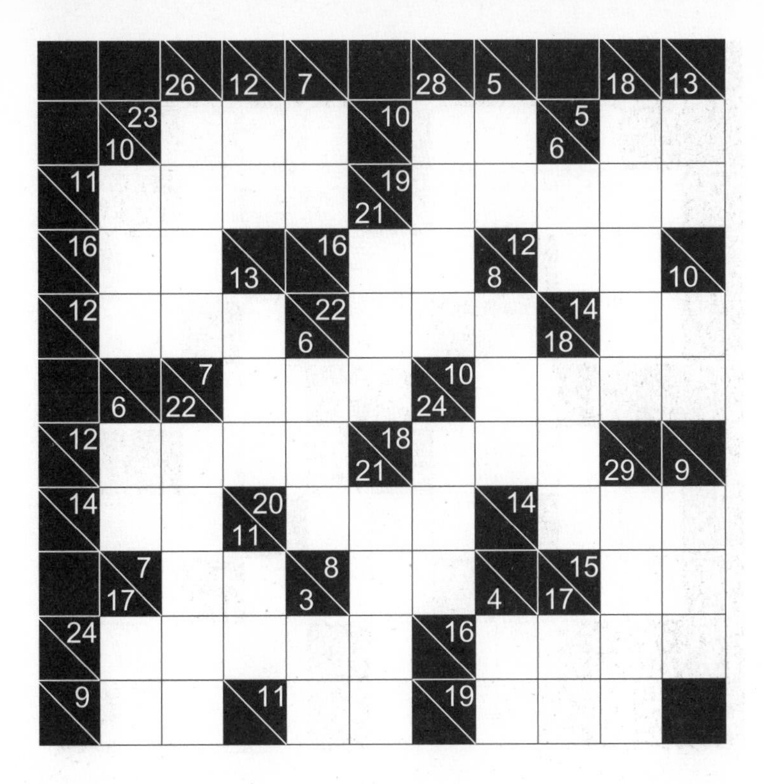

59

*

60

14
3
20
22
9
24
4
19
24
16
11
13
16
21
17
10
22
7
5
9
10
10
11
15
7
23
12
7
19
28
12
8
29
3
18
21
15
8
10
18
6
6
14
13
16
14
11
34
11
6
16
19

61

✳

62

*

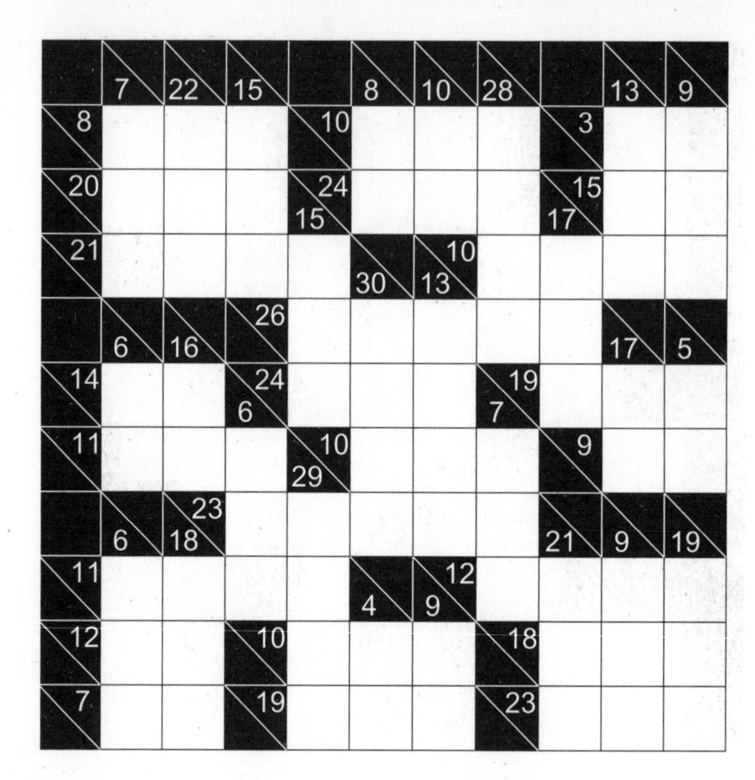

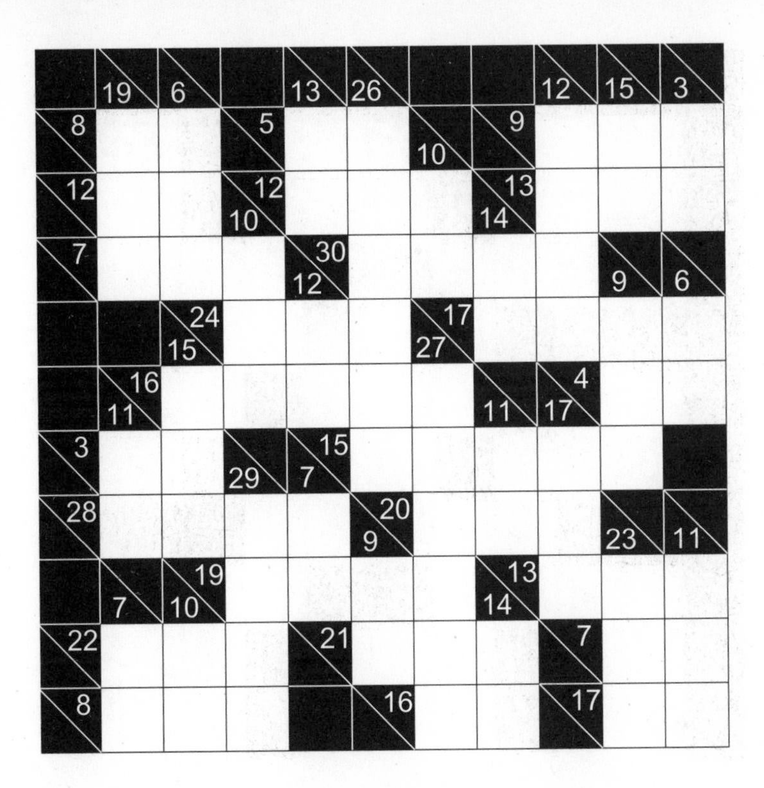

63

✳

64

✳

3
12
14
4
27
24
17
7
11
29
16
19
18
6
8
11
14
13
10
28
5
4
30
6
16
20
29
6
23
7
16
25
22
10
8
13
12
15
16
12
12
9
6
16
4
15
11
14
17
22

65

✳

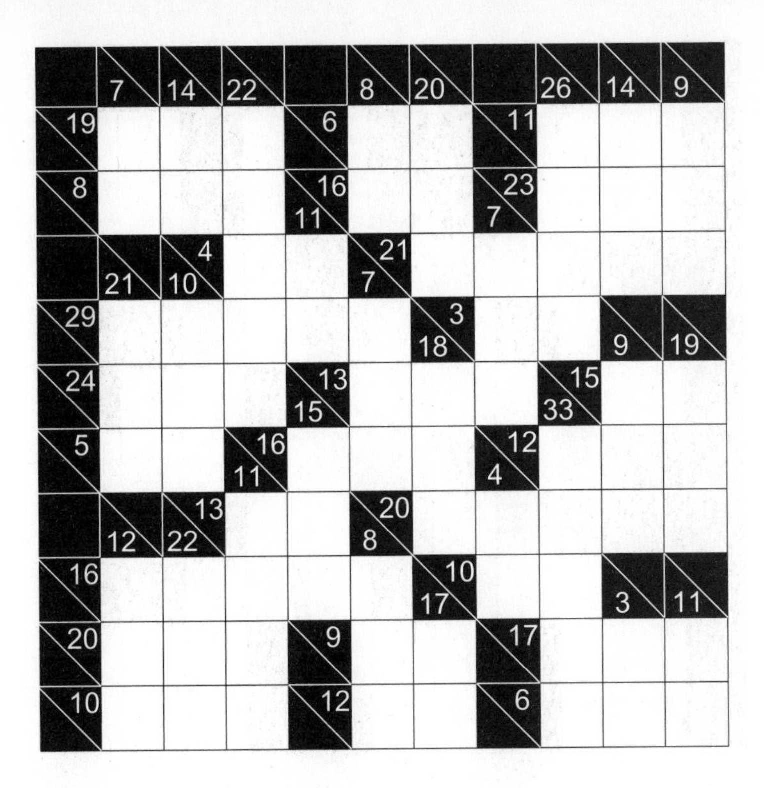

66

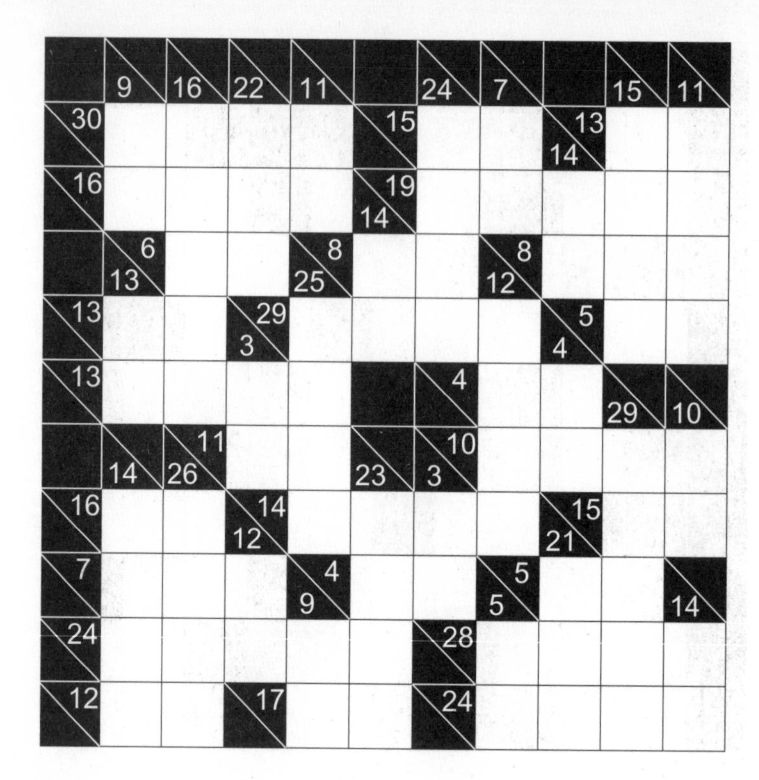

9
16
22
11
24
7
15
11
30
15
13
14
16
19
14
6
13
8
25
8
12
13
29
3
5
4
13
4
29
10
11
14
26
23
10
3
16
14
12
15
21
7
4
9
5
5
14
24
28
12
17
24

67

✳

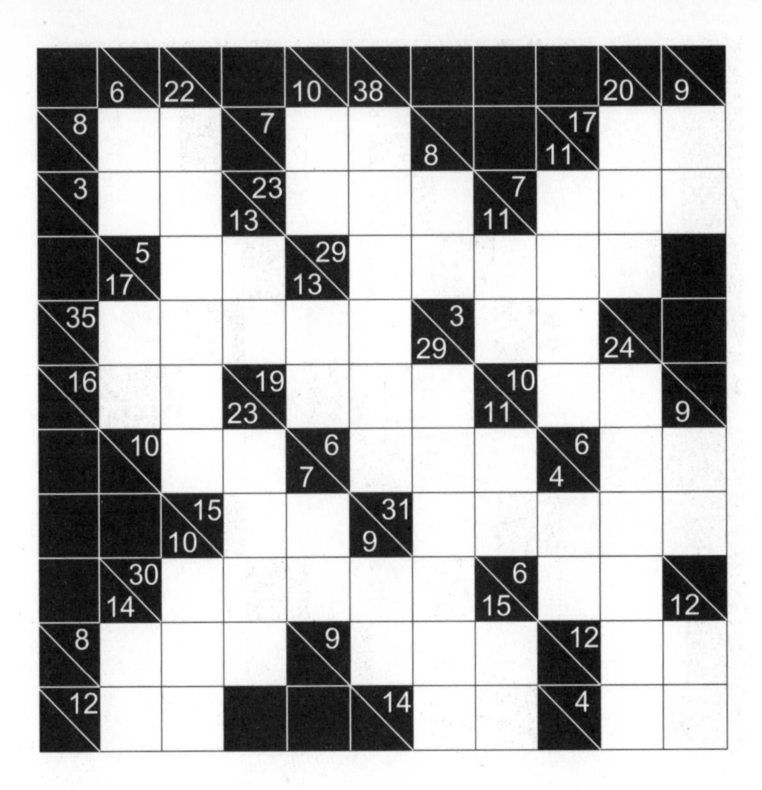

68

✳

69

✳

70

*

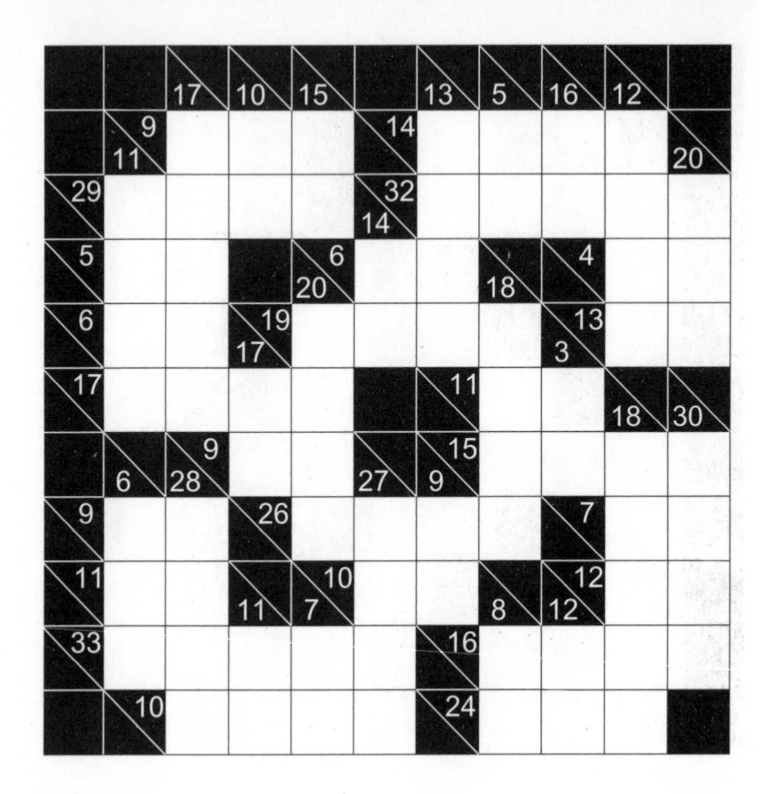

17
10
15
13
5
16
12
9
11
14
20
29
32
14
5
6
20
18
4
6
19
17
13
3
17
11
18
30
9
6
28
27
15
9
9
26
7
11
11
10
7
8
12
12
33
16
10
24

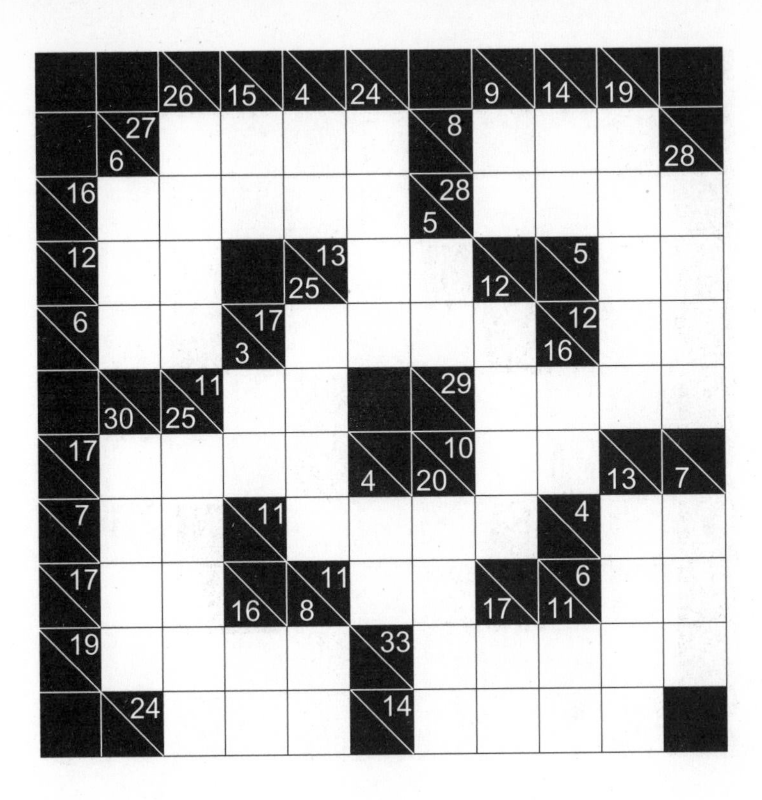

71

*

72

✳

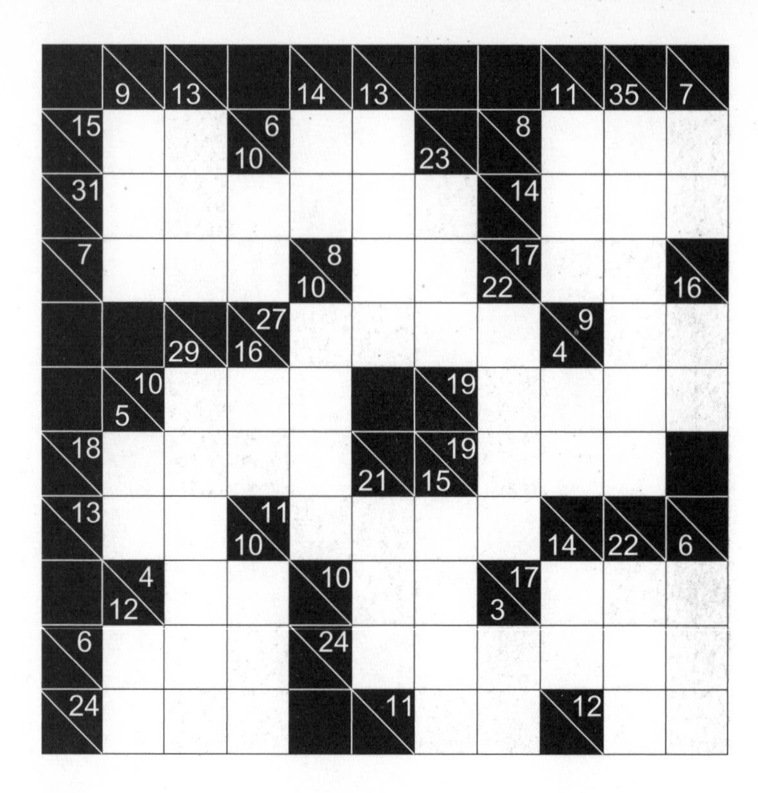

9 13 14 13 11 35 7
15 6 10 23 8
31 14
7 8 10 17 22 16
29 27 16 9 4
10 5 19
18 21 19 15
13 11 10 14 22 6
4 12 10 17 3
6 24
24 11 12

73

✳

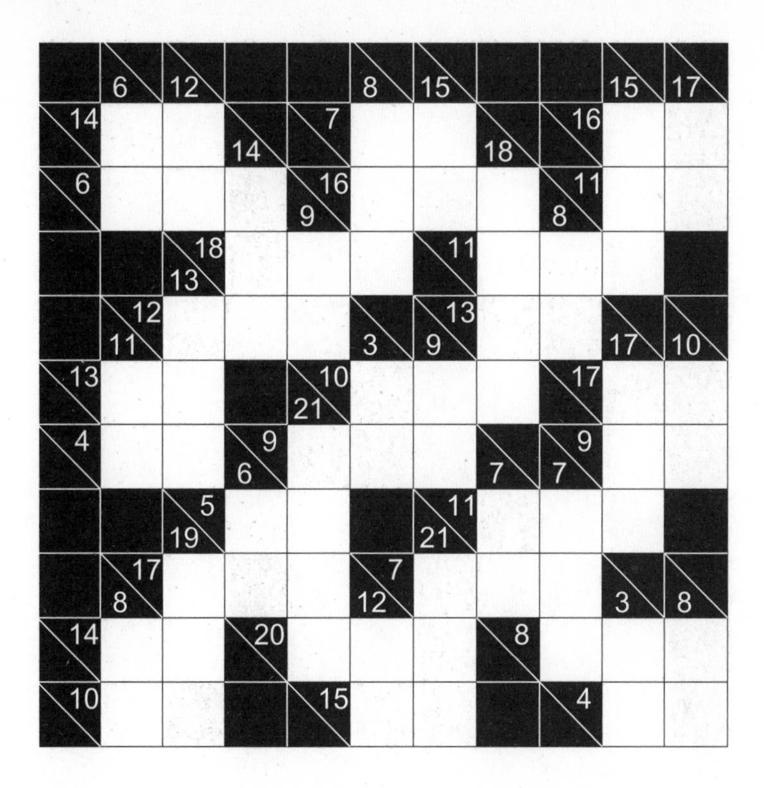

6
12
8
15
15
17
14
14
7
18
16
6
16
9
11
8
18
13
11
12
11
3
13
9
17
10
13
10
21
17
4
9
6
7
9
7
5
19
11
21
17
8
7
12
3
8
14
20
8
10
15
4

74

✳

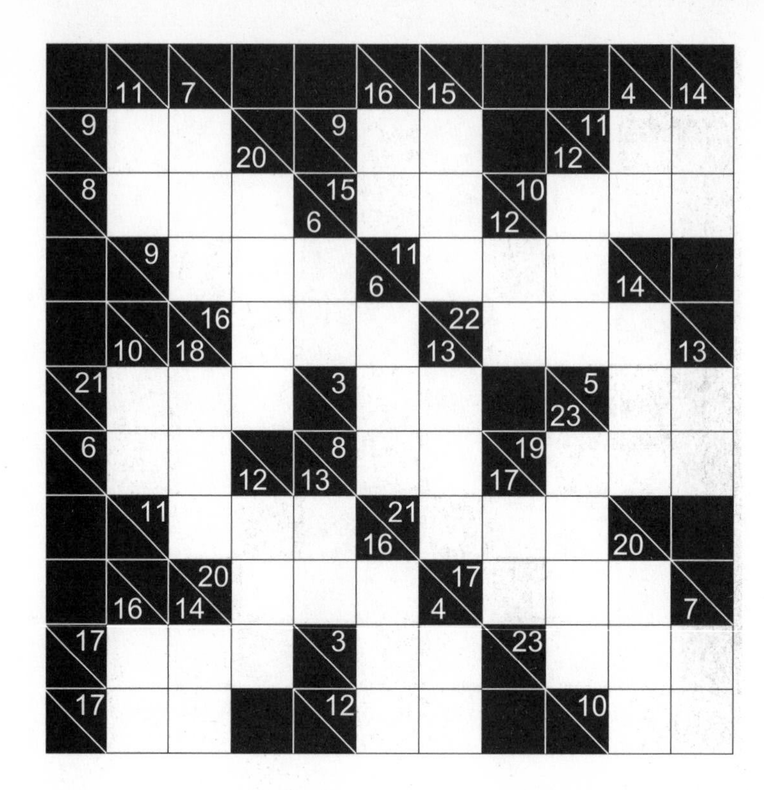

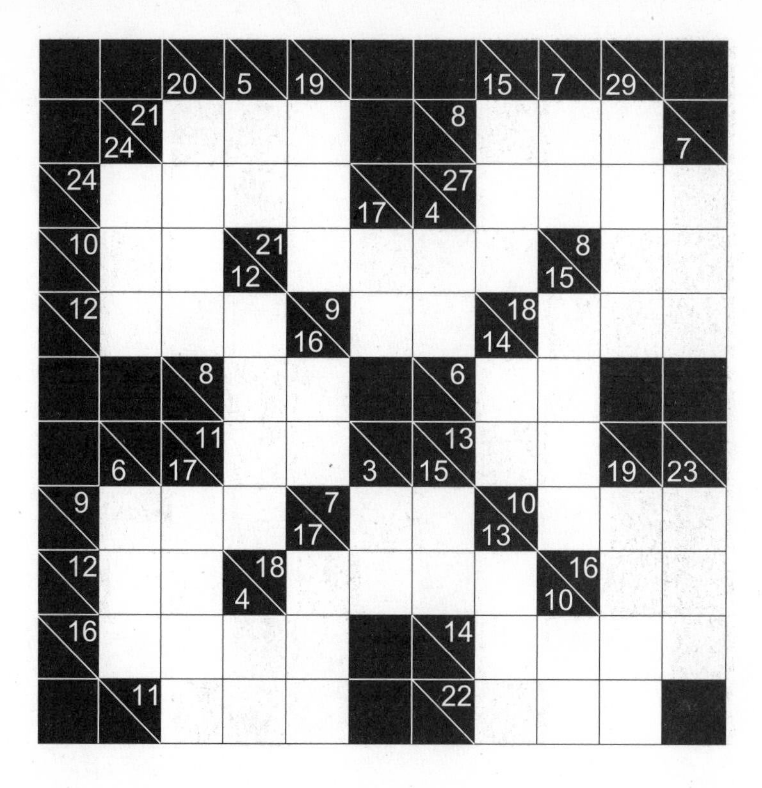
20 5 19 15 7 29
21 24 8 7
24 27 17 4
10 21 12 8 15
12 9 16 18 14
8 6
11 13 6 17 3 15 19 23
9 7 17 10 13
12 18 4 16 10
16 14
11 22

75

✳

76

✳

77

✳

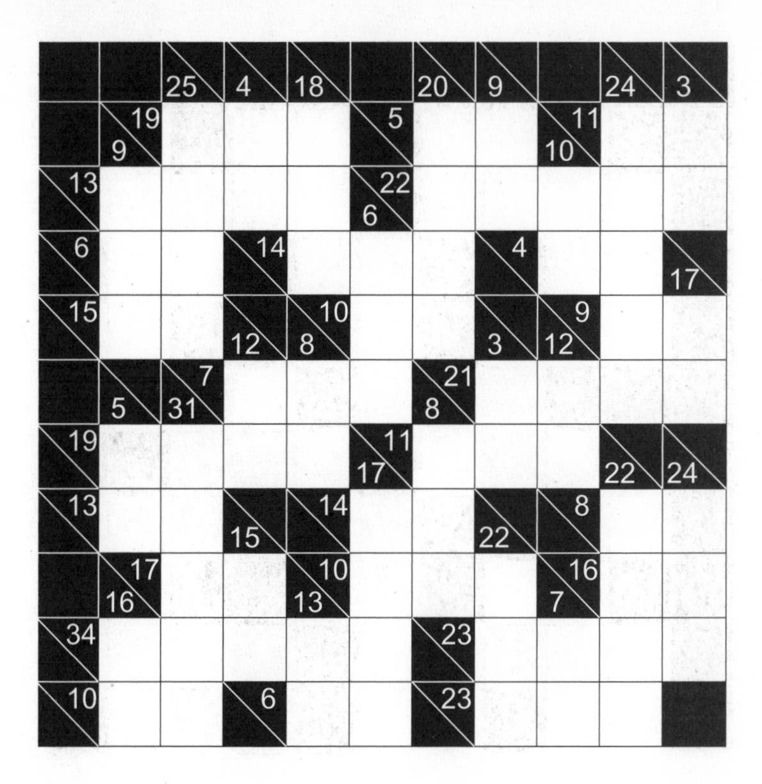

78

✳

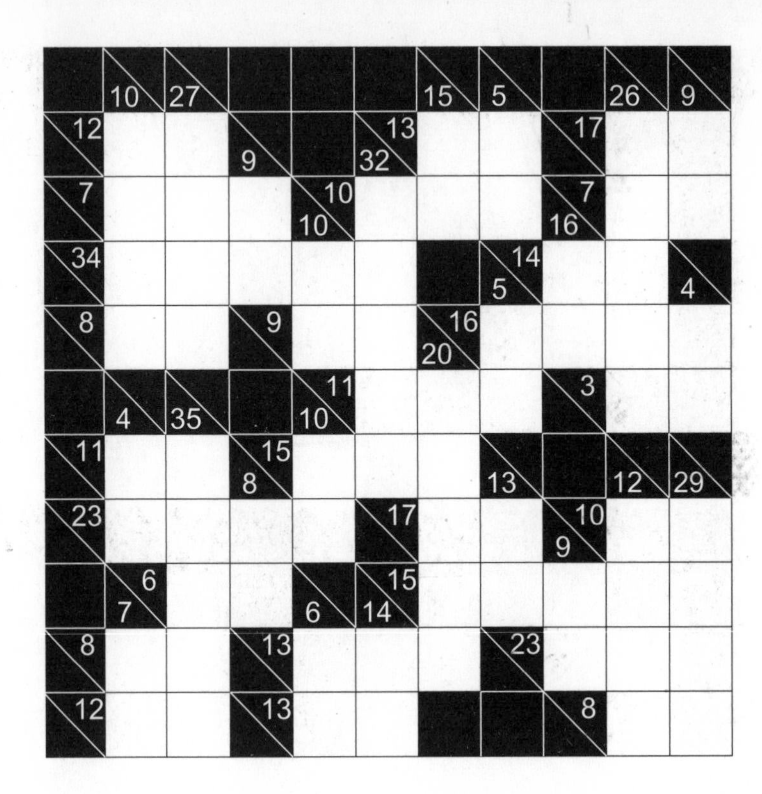
10 27 15 5 26 9
12 9 13 32 17
7 10 10 7 16
34 14 5 4
8 9 16 20
4 35 11 10 3
11 15 8 13 12 29
23 17 10 9
6 7 6 15 14
8 13 23
12 13 8

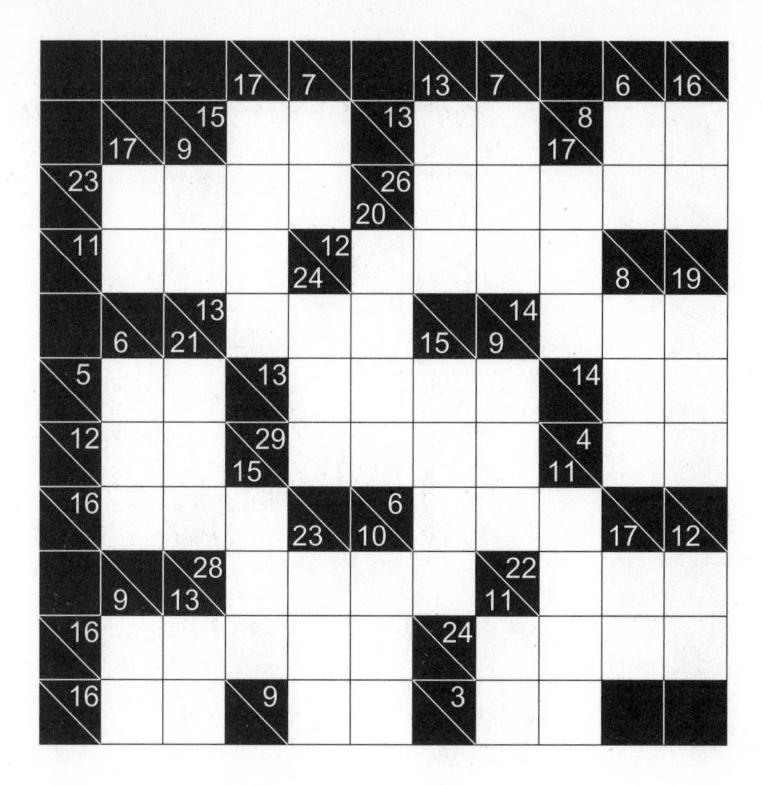

17
7
13
7
6
16
17
15
9
13
8
17
23
26
20
11
12
24
8
19
6
13
21
15
14
9
5
13
14
12
29
15
4
11
16
23
6
10
17
12
9
28
13
22
11
16
24
16
9
3

79

✳

80

*

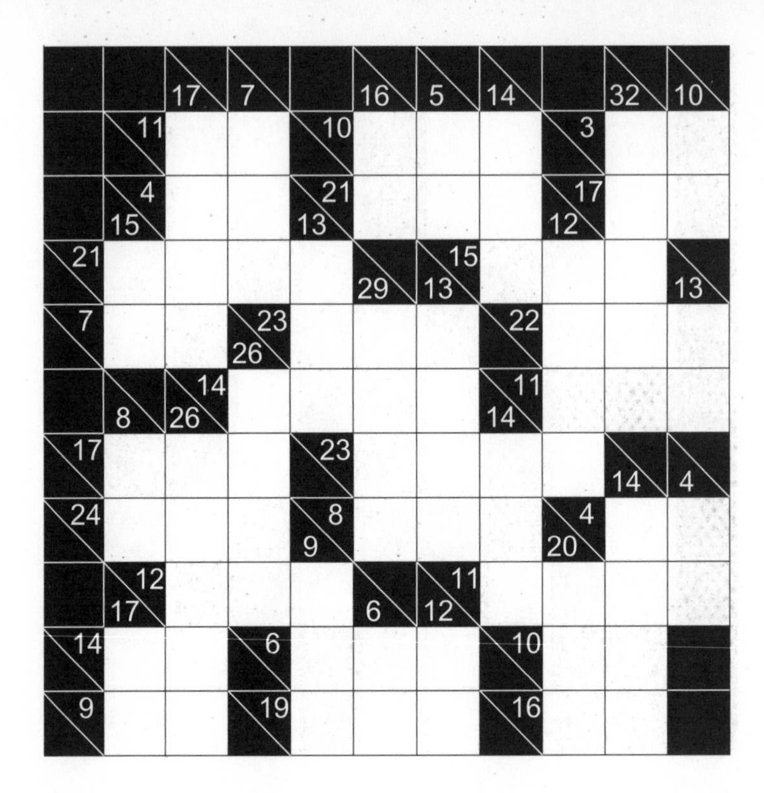

81

✳

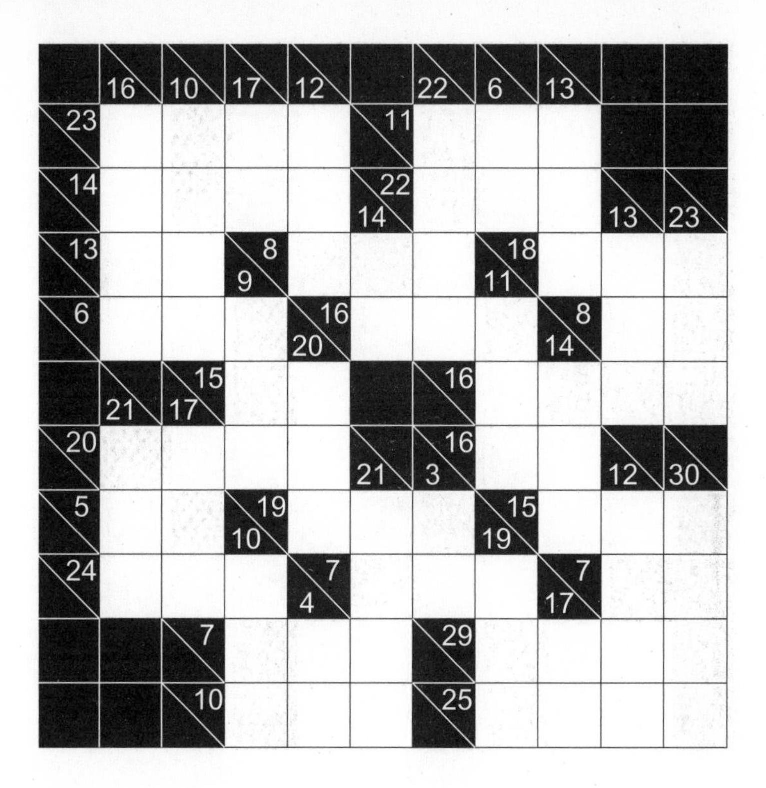

16
10
17
12
22
6
13
23
11
14
22
14
13
23
13
8
9
18
11
6
16
20
8
14
15
21
17
16
20
16
21
3
12
30
5
19
10
15
19
24
7
4
7
17
7
29
10
25

82

✳

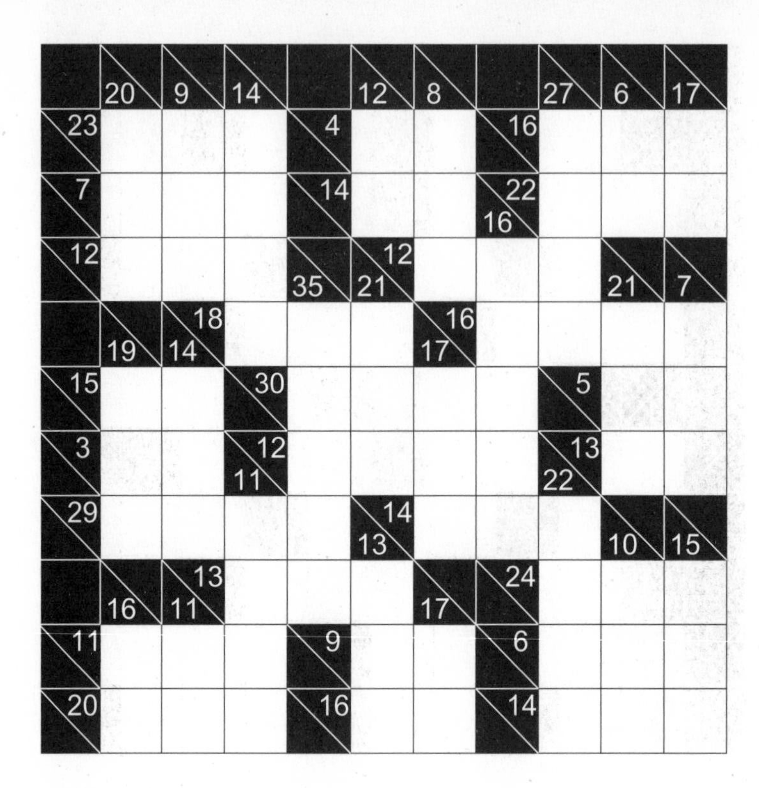

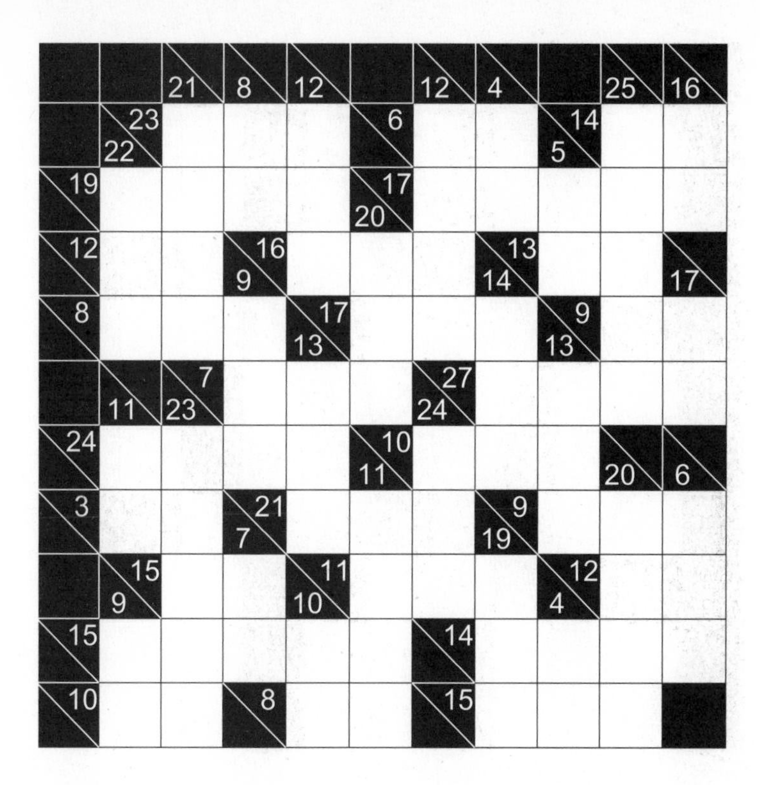

83

*

84

✳

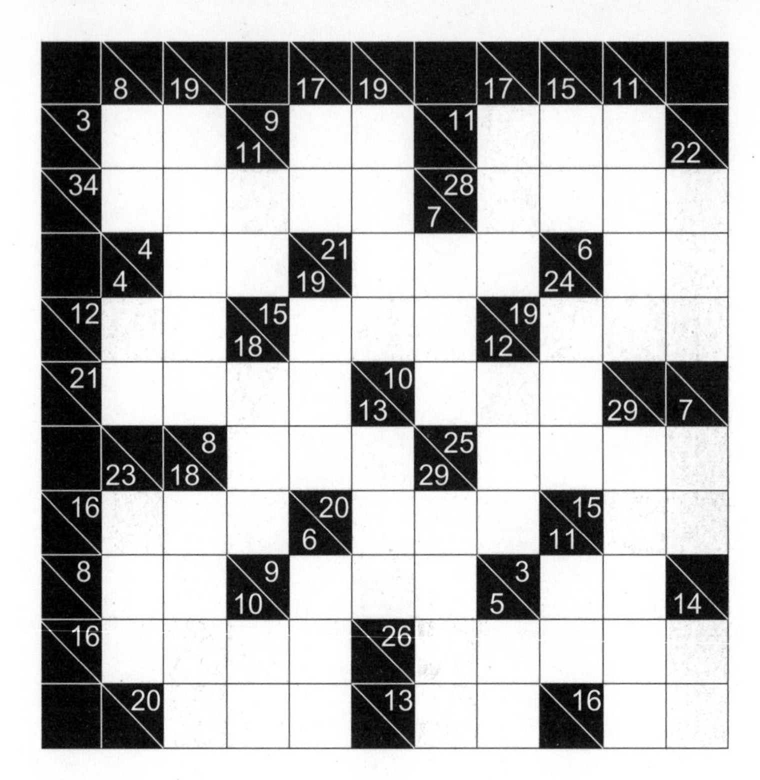

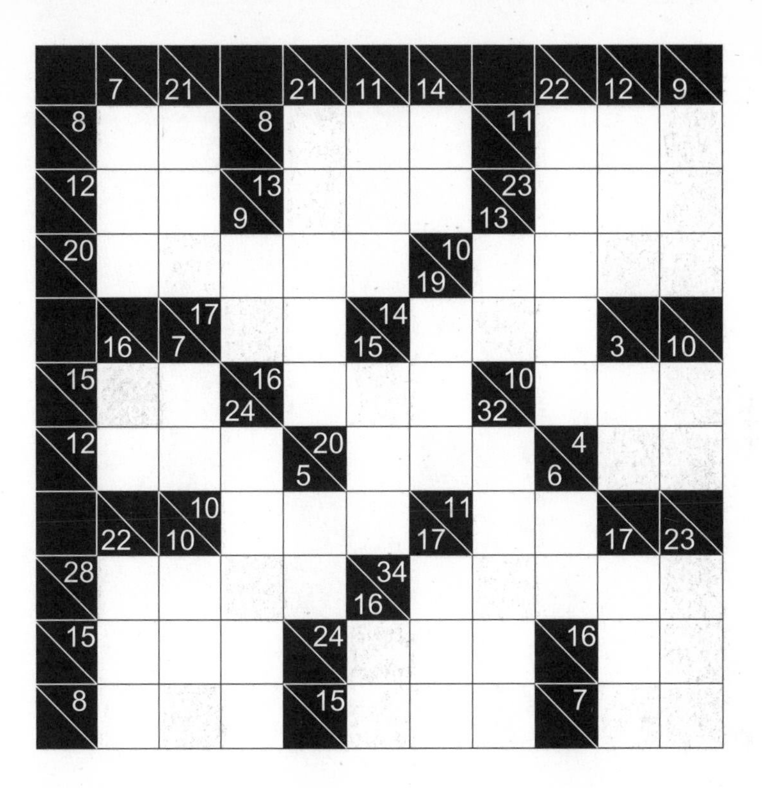

85

*

86

*

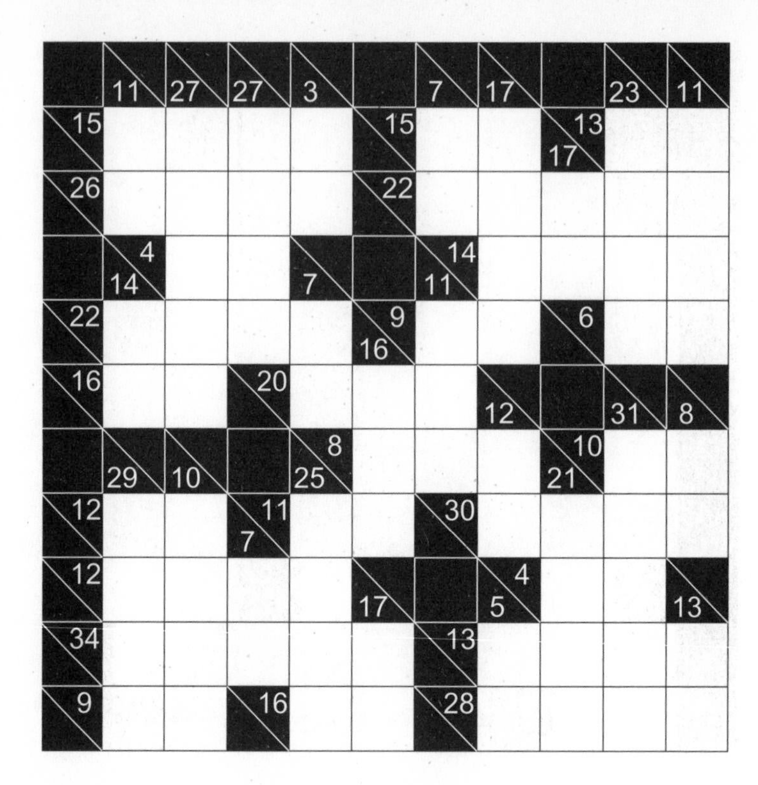
11
27
27
3
7
17
23
11
15
15
13
17
26
22
4
14
7
14
11
22
9
16
6
16
20
12
31
8
29
10
8
25
10
21
12
11
7
30
12
17
4
5
13
34
13
9
16
28

87

✳

27
6
14
16
25
4
14
6
9
11
28
9
11
27
17
20
12
26
10
12
9
20
30
10
12
31
11
10
16
29
10
26
12
8
13
15
11
9
7
3
14
23
5
17
8
15
17
13

88

✳

✳

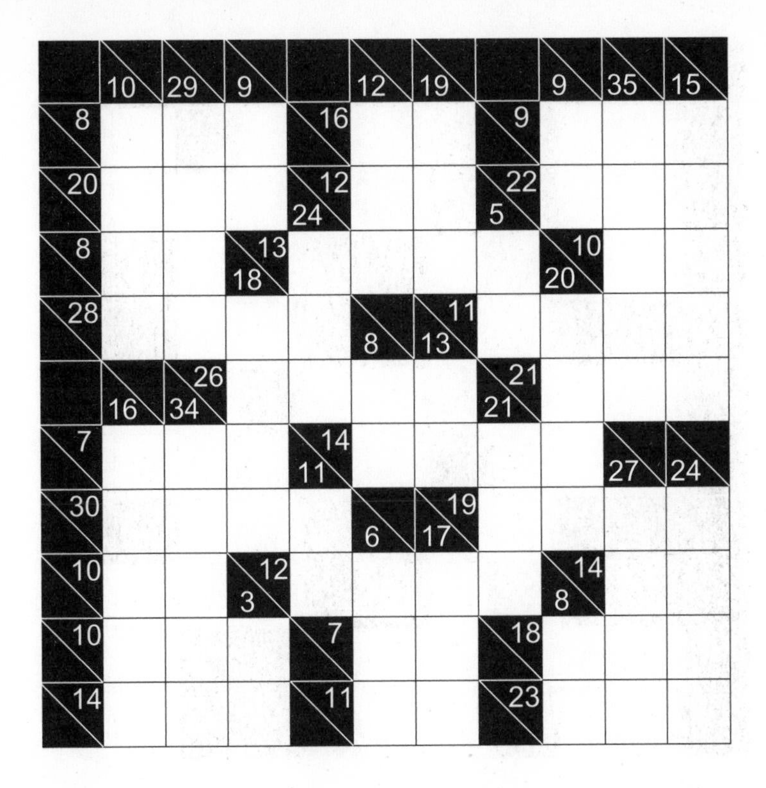
10 29 9 12 19 9 35 15
8 16 9
20 12 24 22 5
8 13 18 10 20
28 8 11 13
16 26 34 21 21
7 14 11 27 24
30 6 19 17
10 12 3 14 8
10 7 18
14 11 23

89

90

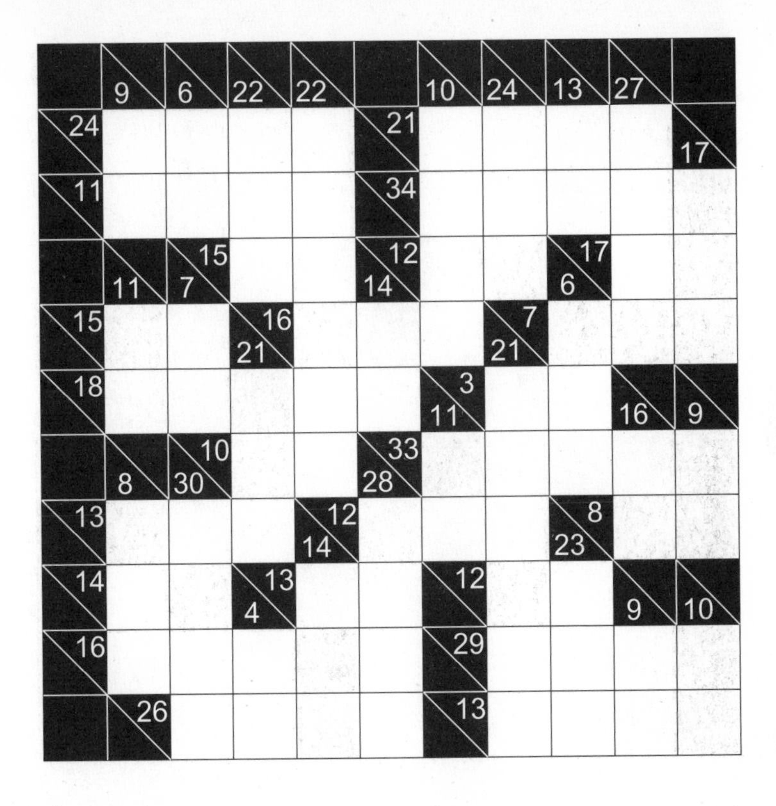

91

✳
✳

92

✳

✳

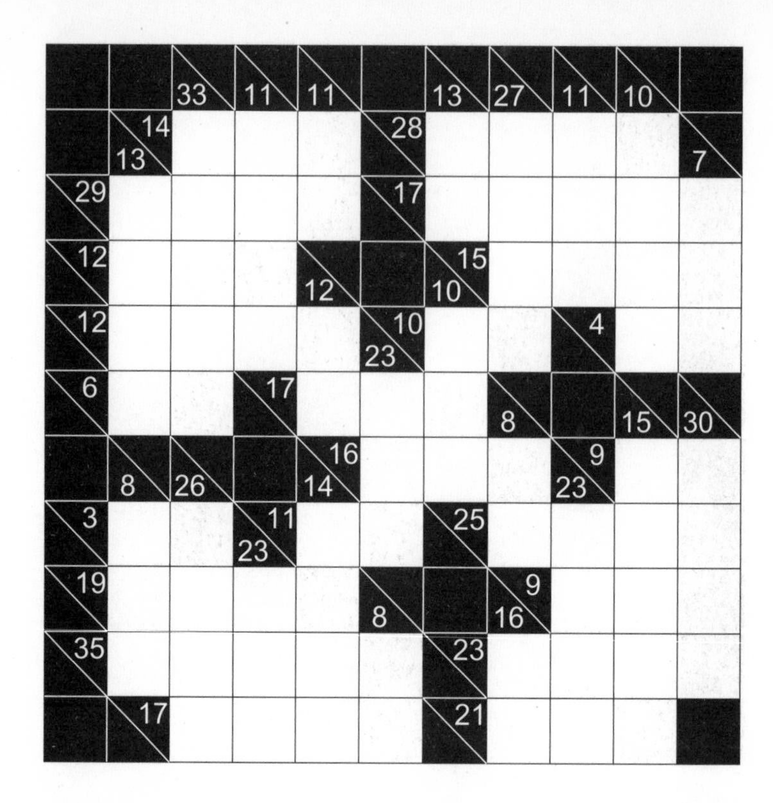

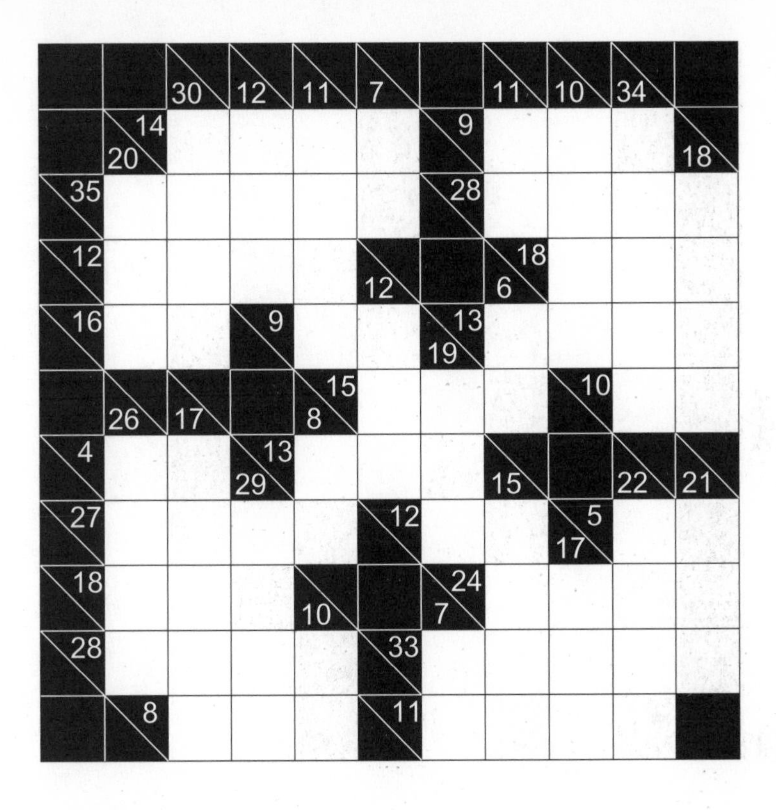

93

✳
✳

94

✳

✳

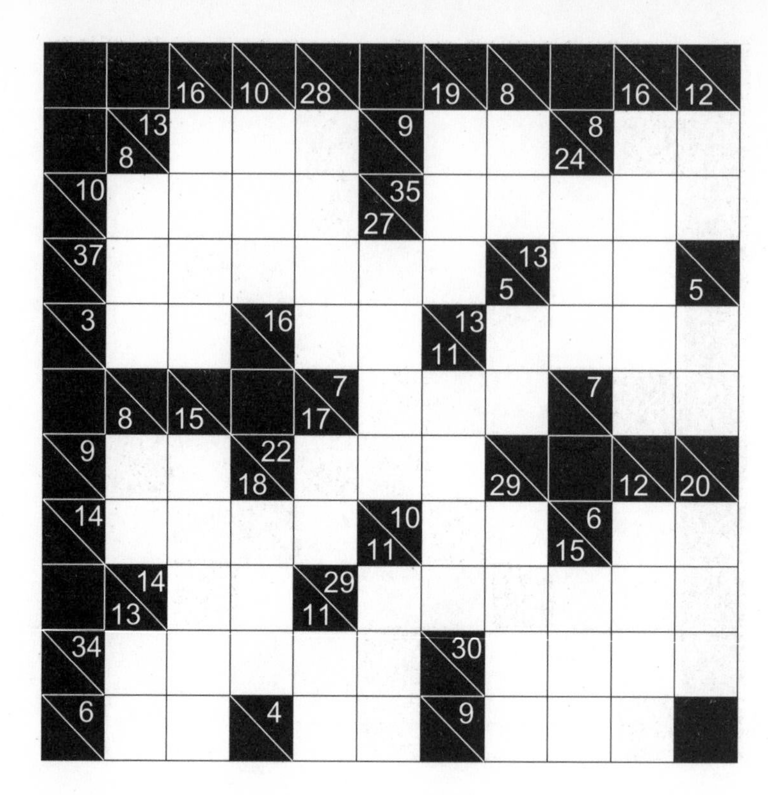

95

✳

✳

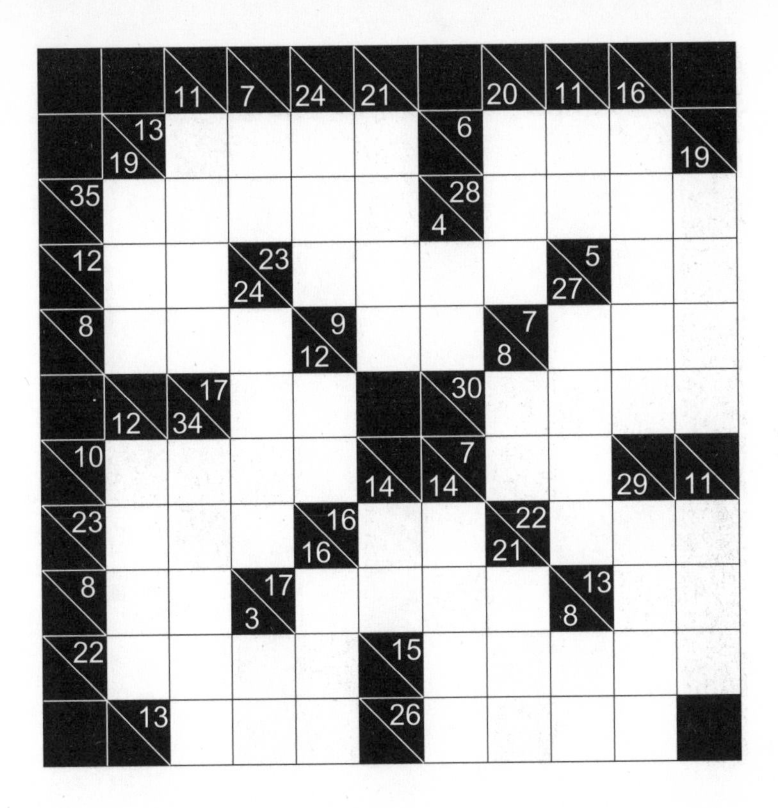

96

✳

✳

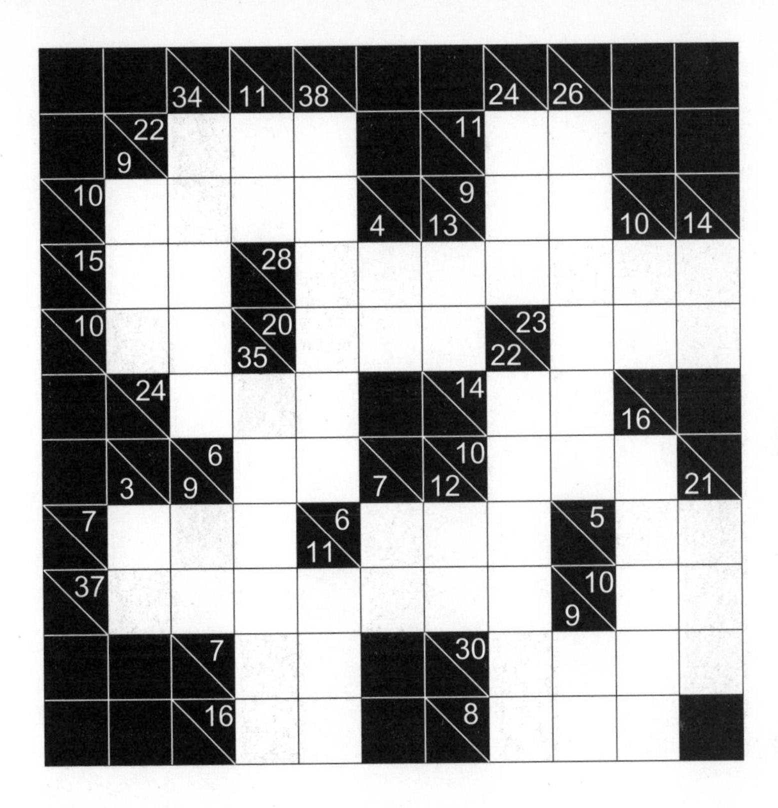

97

✳
✳

98

✳

✳

			7\	33\		26\	11\	9\	35\	
	23\	15\10			\28					14\
\16					\15					
\27					6\9			\17		
\16			9\19					7\8		
	30\	18\9				12\	34\13			
\21				12\	22\20				19\	8\
\8			\10					10\3		
\10			11\15			\29				
\16						\18				
	\24					\10				

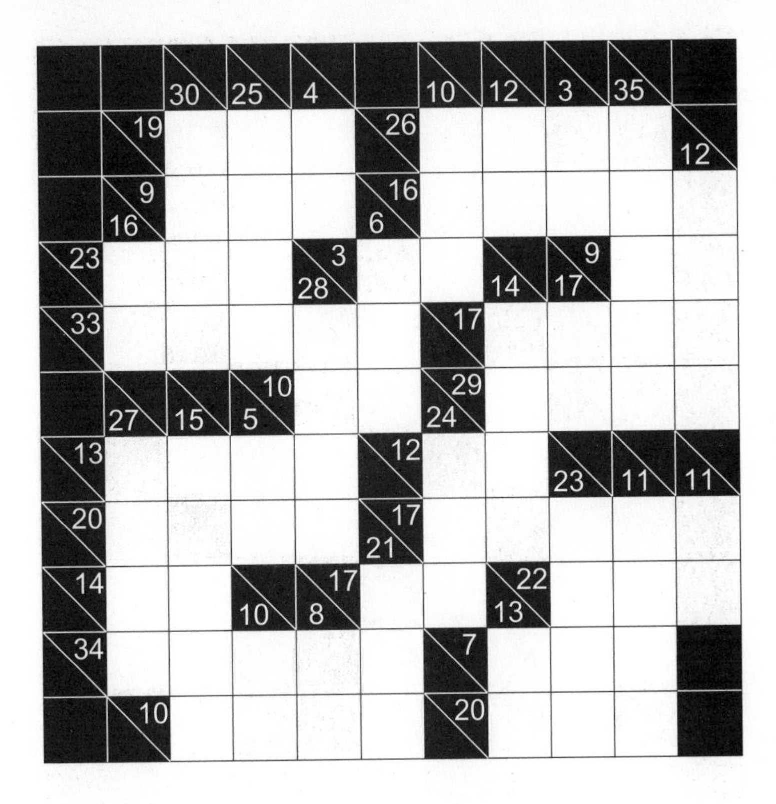
30
25
4
10
12
3
35
19
26
12
9
16
16
6
23
3
28
14
9
17
33
17
10
27
15
5
29
24
13
12
23
11
11
20
17
21
14
17
10
8
22
13
34
7
10
20

99

✳

✳

100

101

✳ ✳

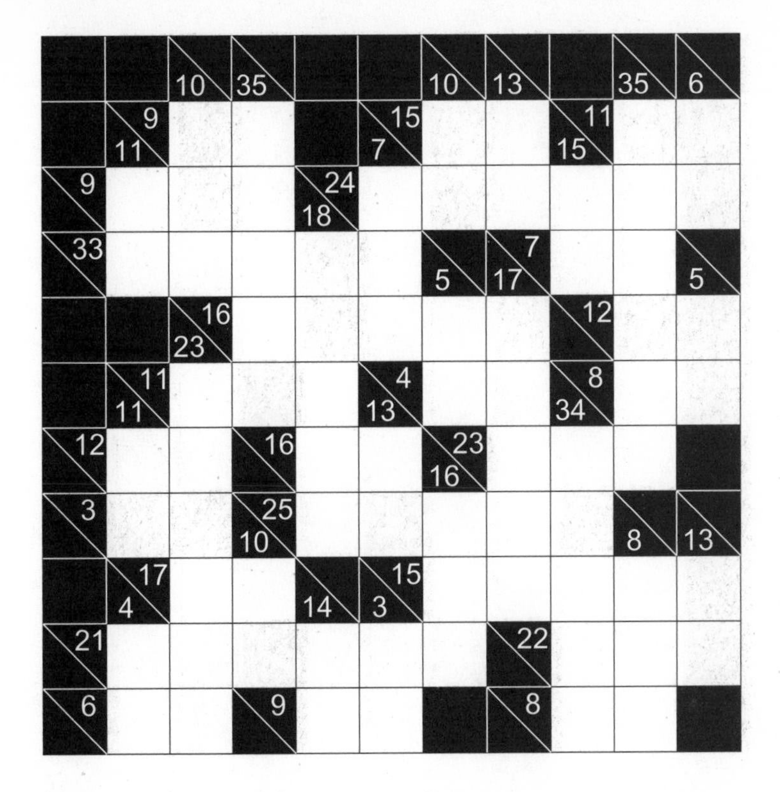

102

✳
✳

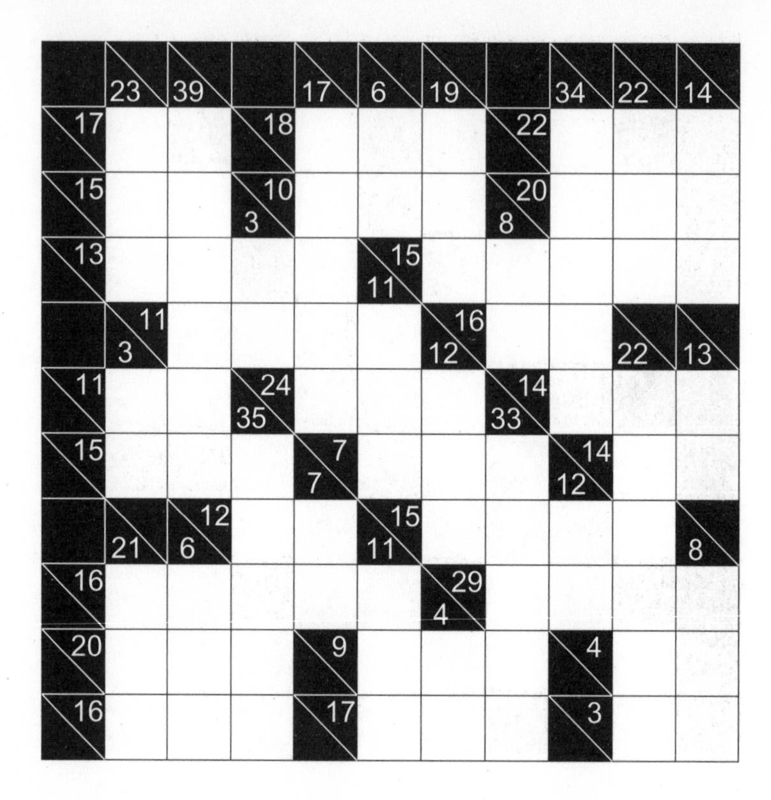

103

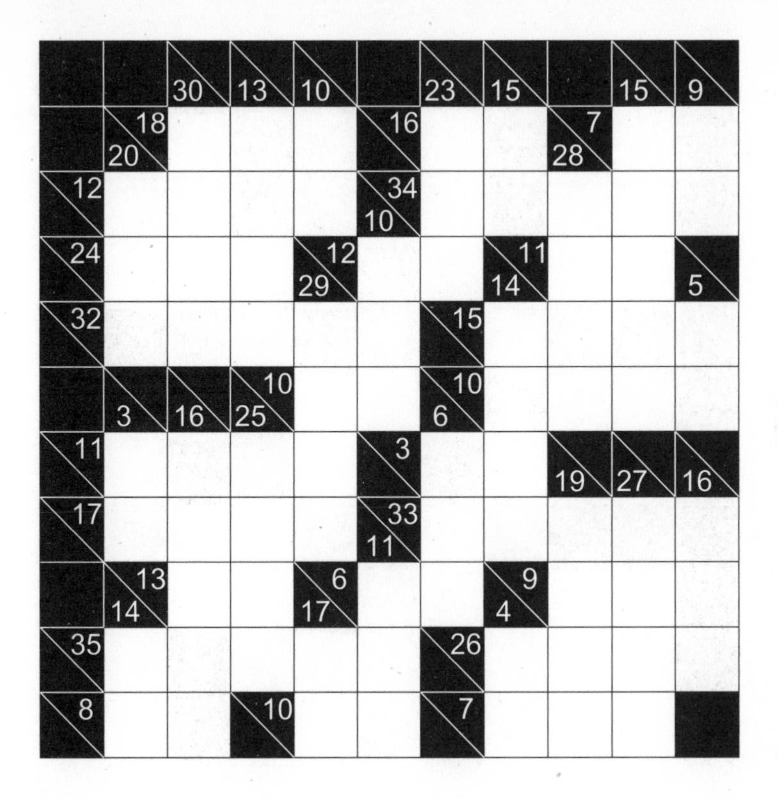

104

✳
✳

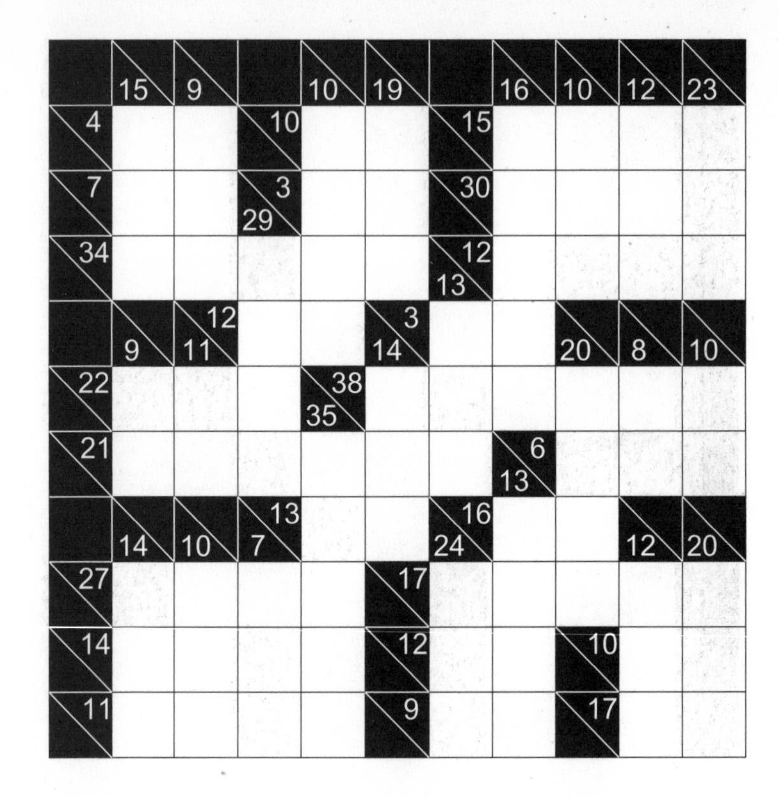

105

✳
✳

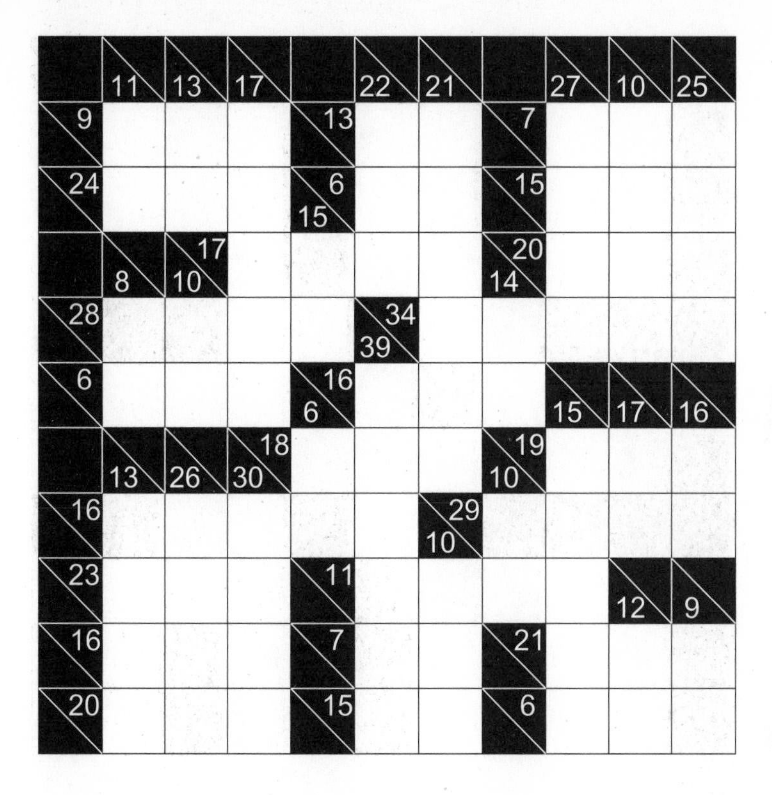

106

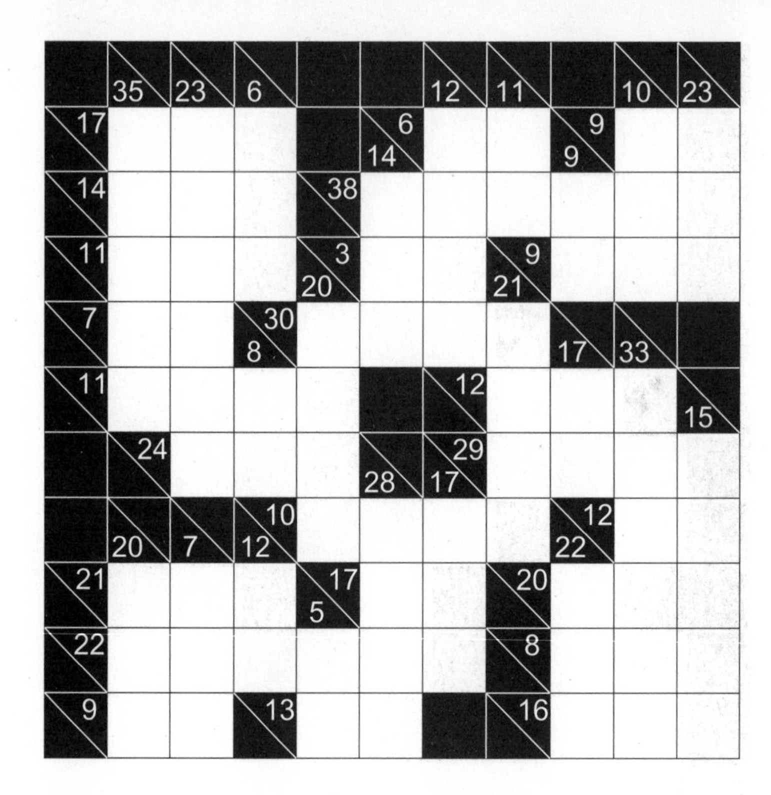

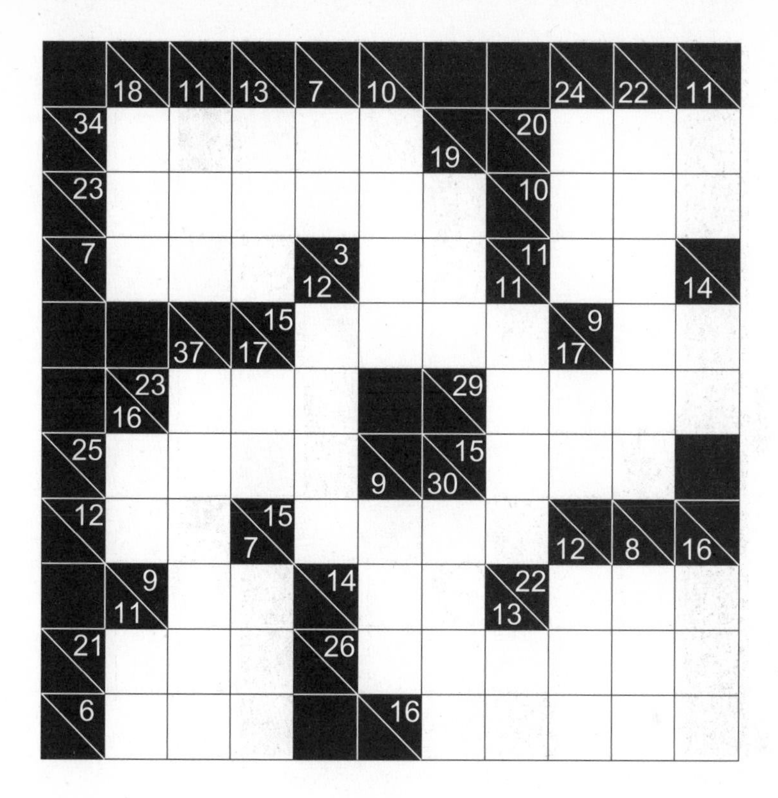

107

108

✳
✳

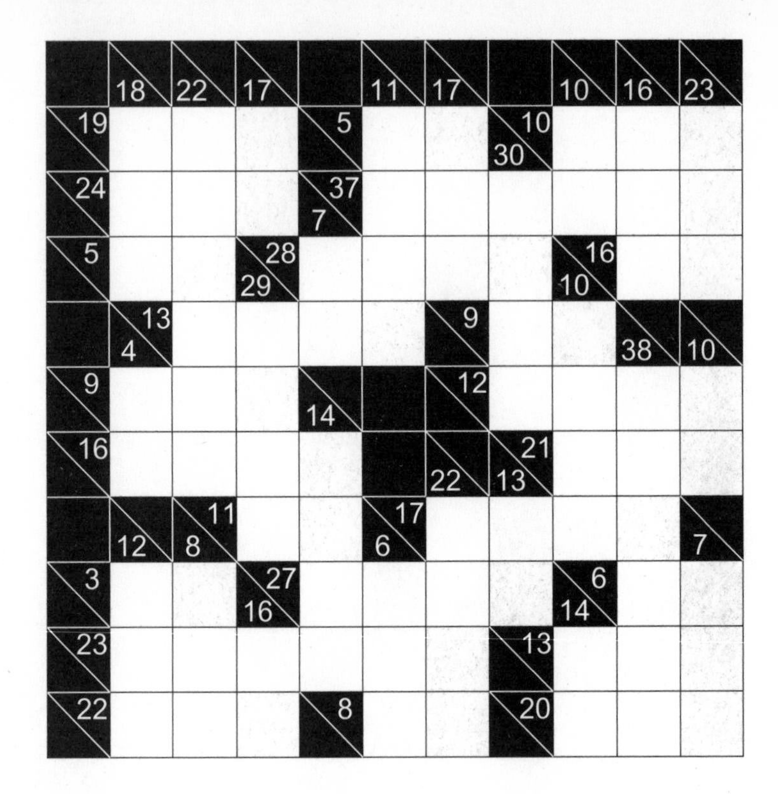
18
22
17
11
17
10
16
23
19
5
10
30
24
37
7
5
28
29
16
10
13
4
9
38
10
9
14
12
16
22
21
13
12
11
8
17
6
7
3
27
16
6
14
23
13
22
8
20

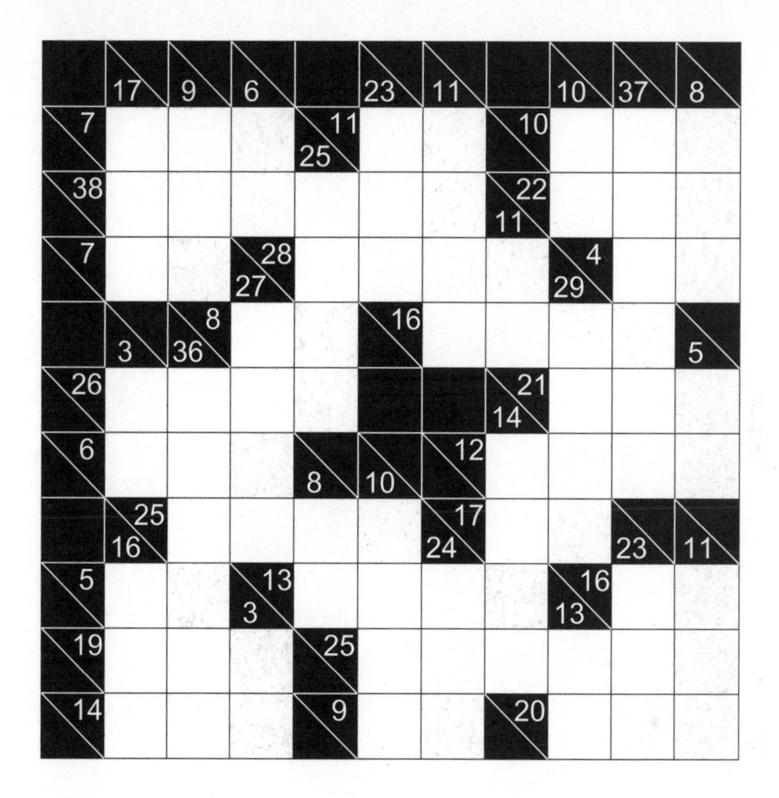

17
9
6
23
11
10
37
8
7
11
25
10
38
22
11
7
28
27
4
29
8
3
36
16
5
26
21
14
6
12
8
10
25
16
17
24
23
11
5
13
3
16
13
19
25
14
9
20

109

✳

✳

110

✳

✳

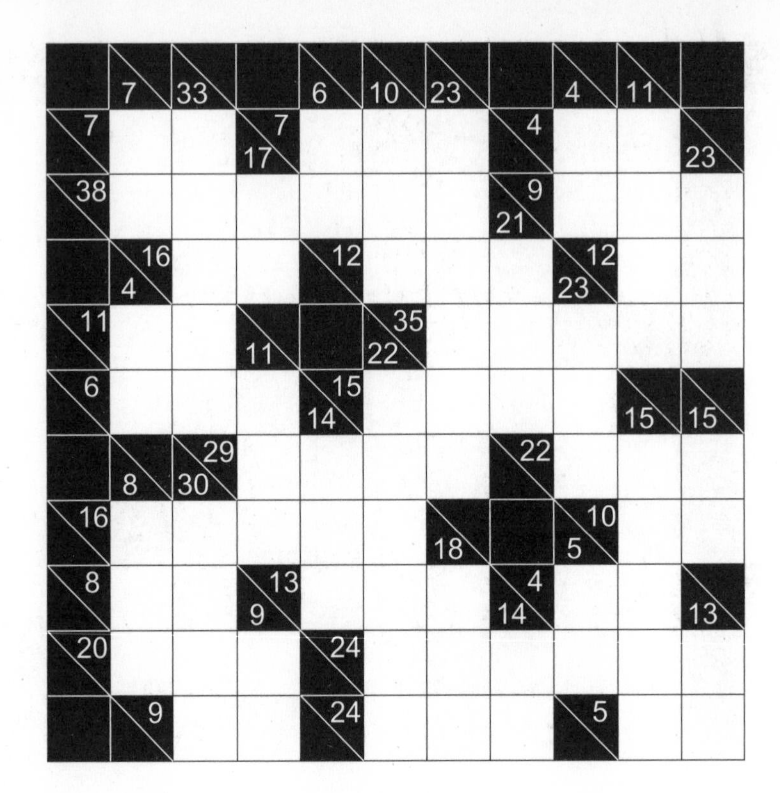

111

✳
✳

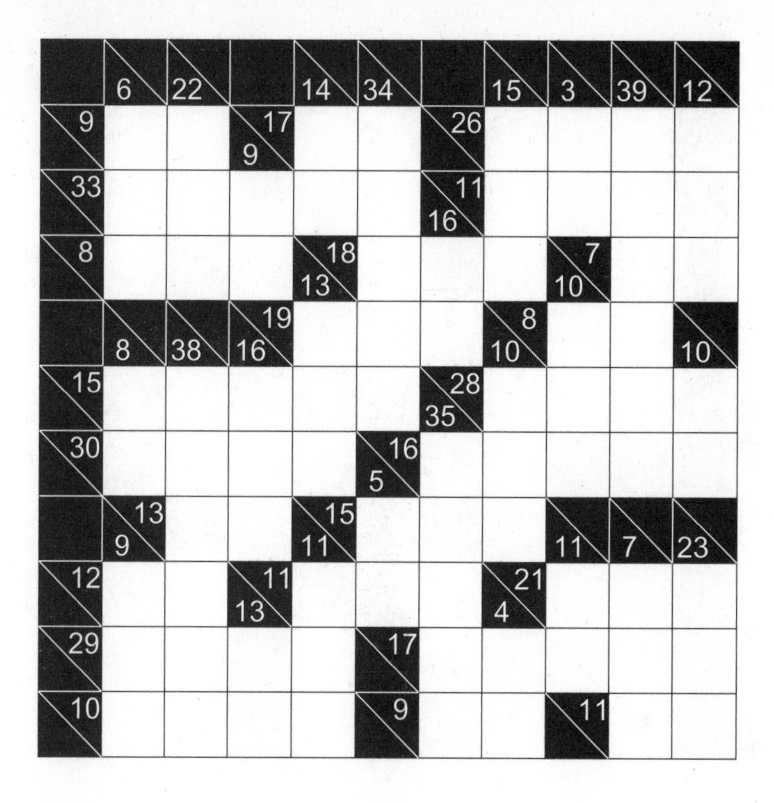

6
22
14
34
15
3
39
12
9
17
9
26
33
11
16
8
18
13
7
10
8
38
19
16
8
10
10
15
28
35
30
16
5
13
9
15
11
11
7
23
12
11
13
21
4
29
17
10
9
11

112

✳
✳

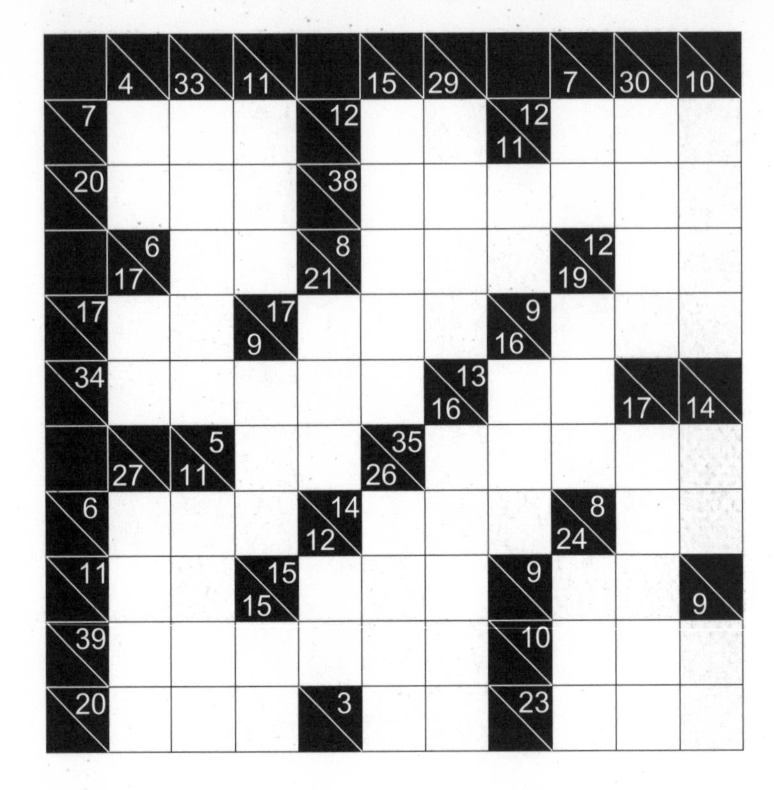

113

✳
✳

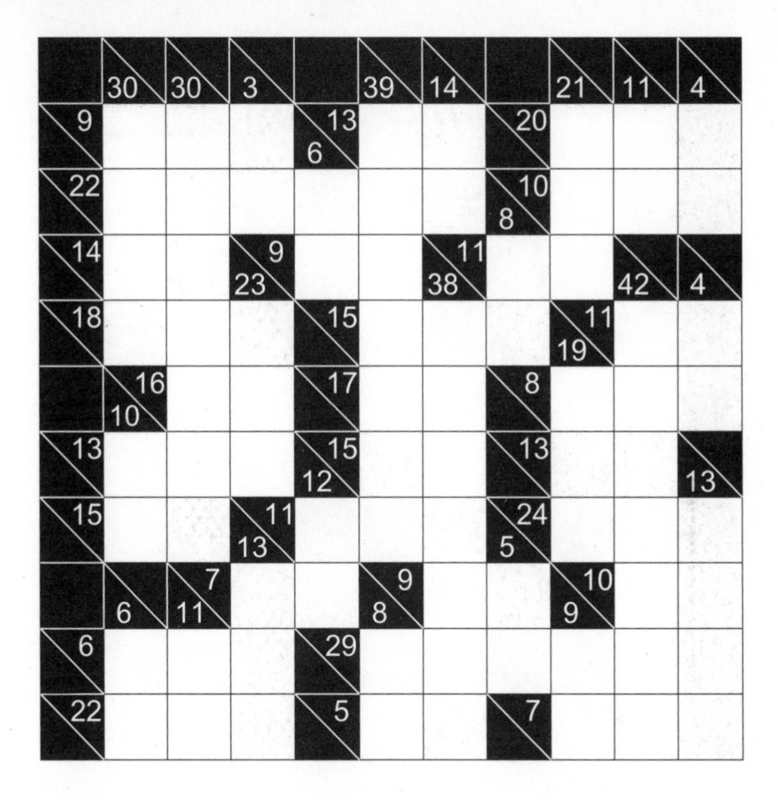

114

✳

✳

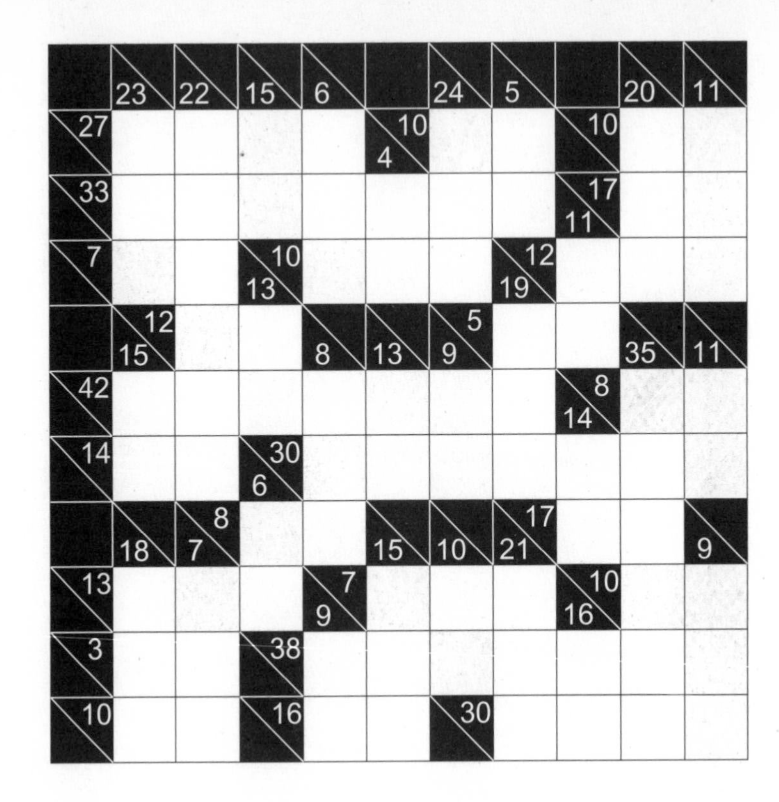

115

✳
✳

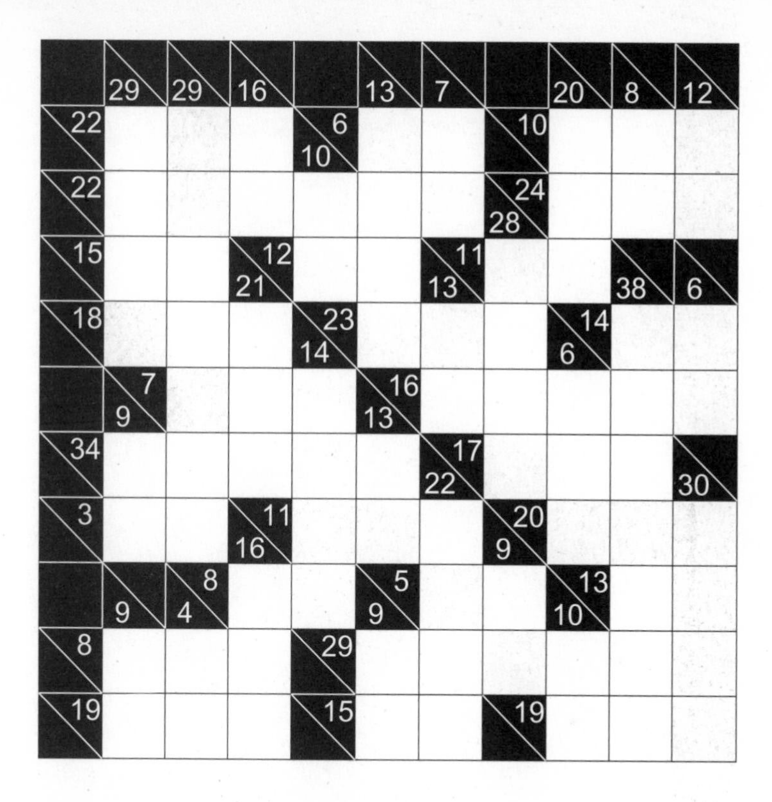

29
29
16
13
7
20
8
12
22
6
10
10
22
24
28
15
12
21
11
13
38
6
18
23
14
14
6
7
9
16
13
34
17
22
30
3
11
16
20
9
8
9
4
5
9
13
10
8
29
19
15
19

116

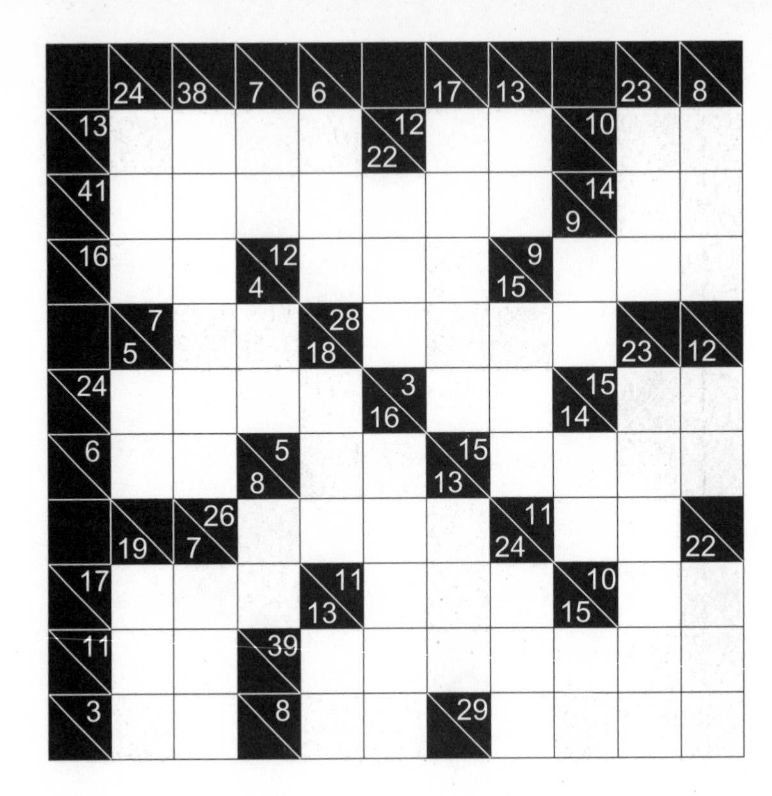

117

✳
✳

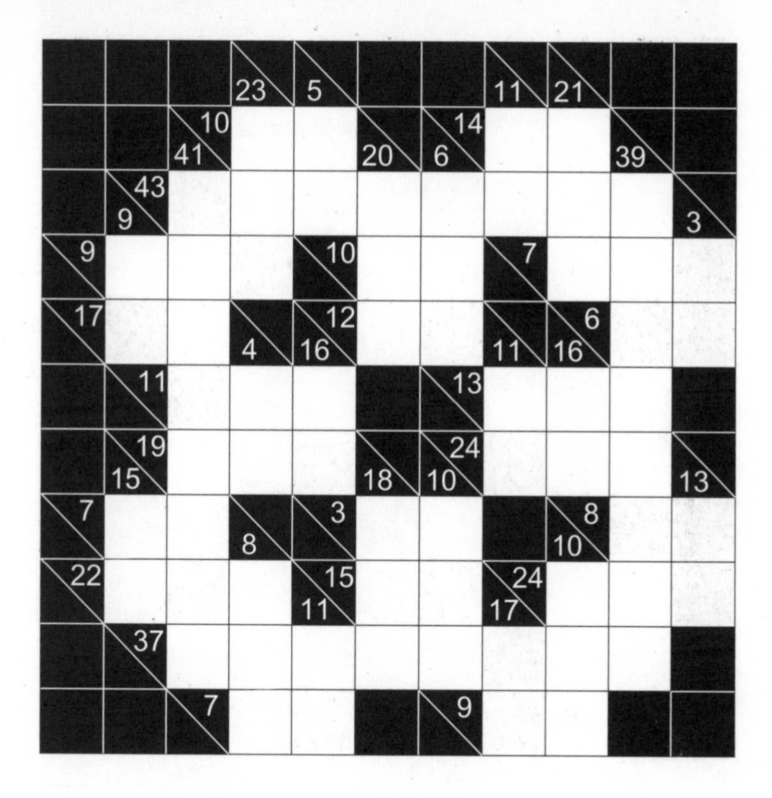

23
5
11
21
10
41
20
14
6
39
43
9
3
9
10
7
17
4
12
16
11
6
16
11
13
19
15
18
24
10
13
7
8
3
8
10
22
15
11
24
17
37
7
9

118

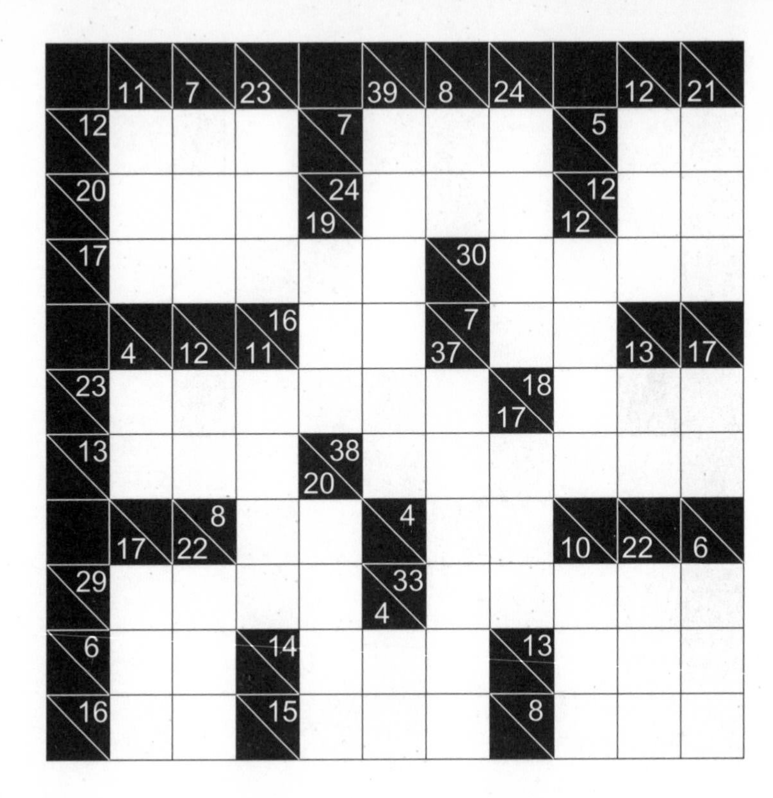
11 7 23 39 8 24 12 21
12 7 5
20 24 19 12 12
17 30
4 12 16 11 7 37 13 17
23 18 17
13 38 20
17 8 22 4 10 22 6
29 33 4
6 14 13
16 15 8

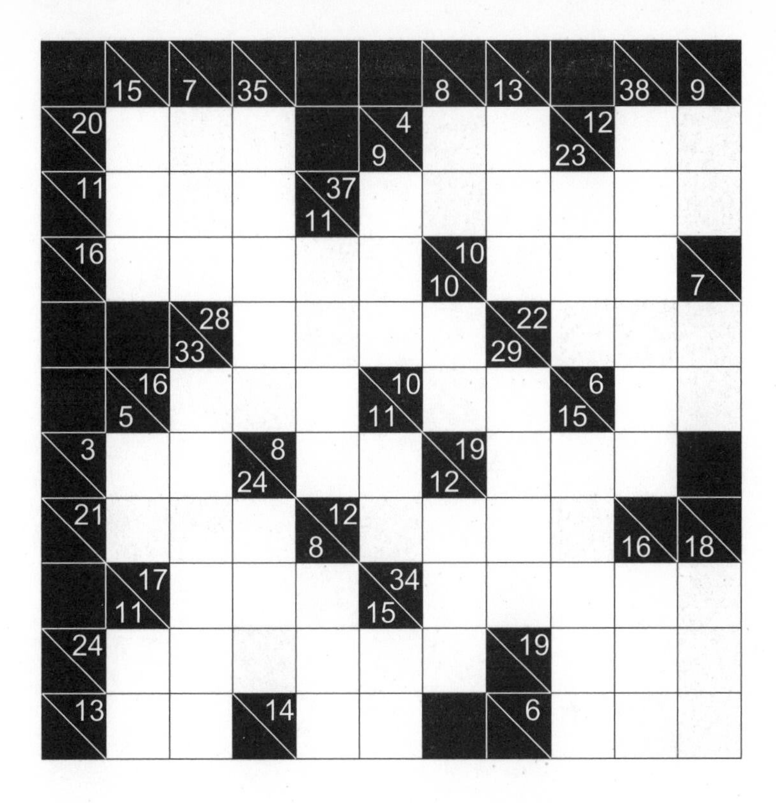
15
7
35
8
13
38
9
20
4
9
12
23
11
37
11
16
10
10
7
28
33
22
29
16
5
10
11
6
15
3
8
24
19
12
21
12
8
16
18
17
11
34
15
24
19
13
14
6

119

✳
✳

120

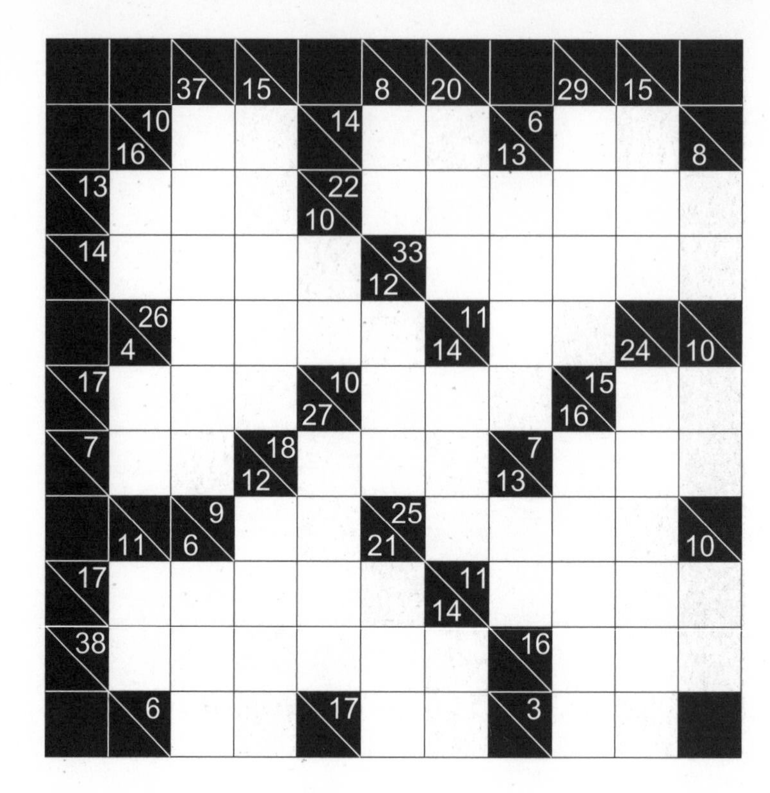

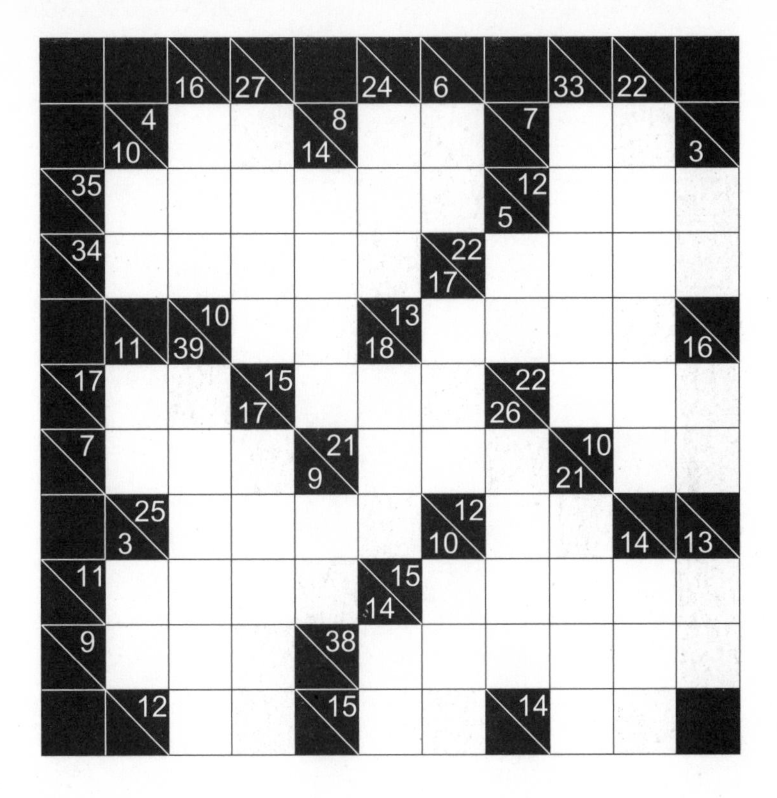

121

✳
✳

122

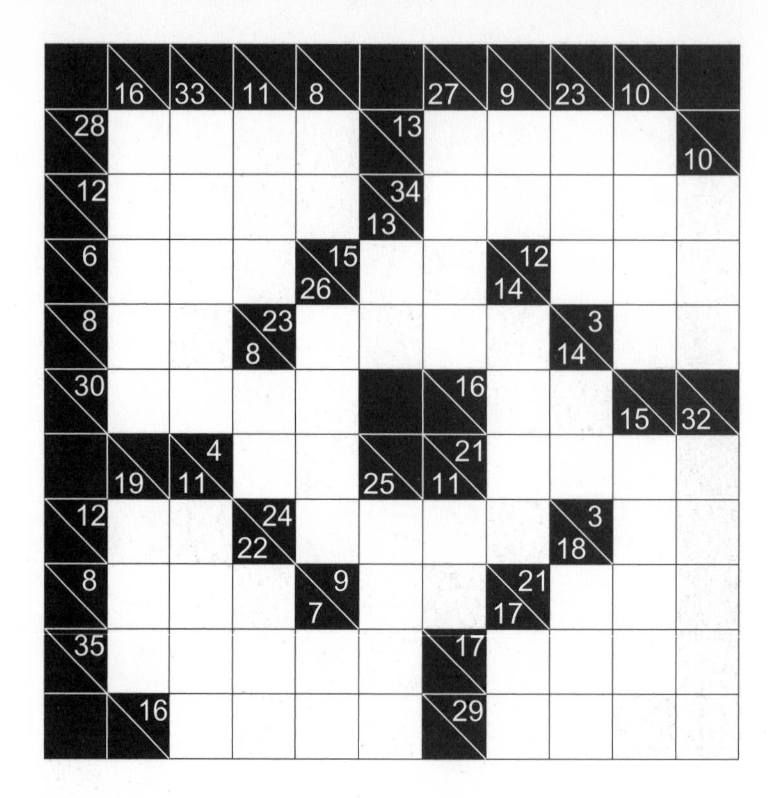
16
33
11
8
27
9
23
10
28
13
10
12
34
13
6
15
26
12
14
8
23
8
3
14
30
16
15
32
4
19
11
25
21
11
12
24
22
3
18
8
9
7
21
17
35
17
16
29

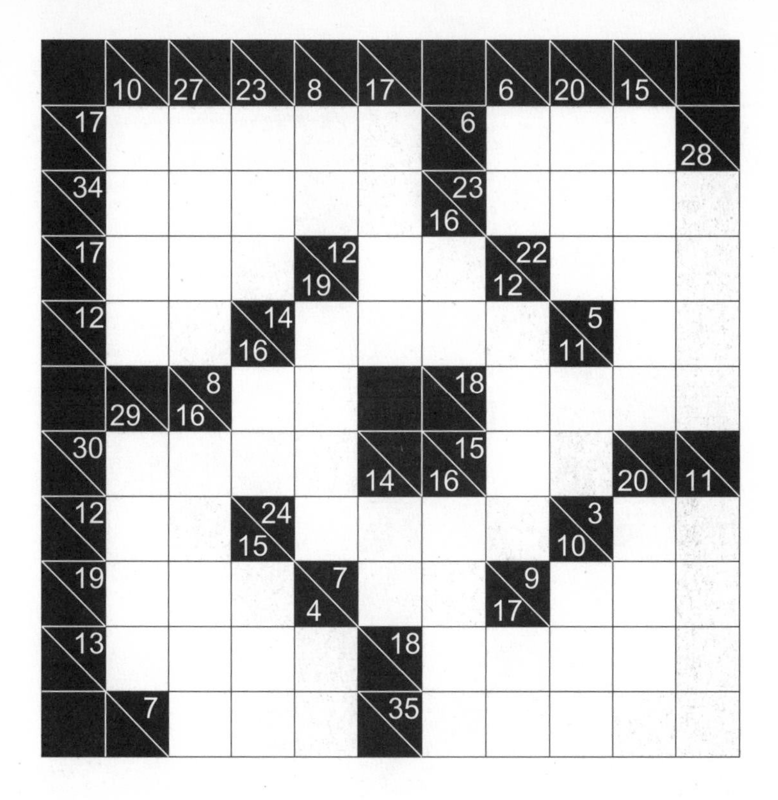

123

124

*

*

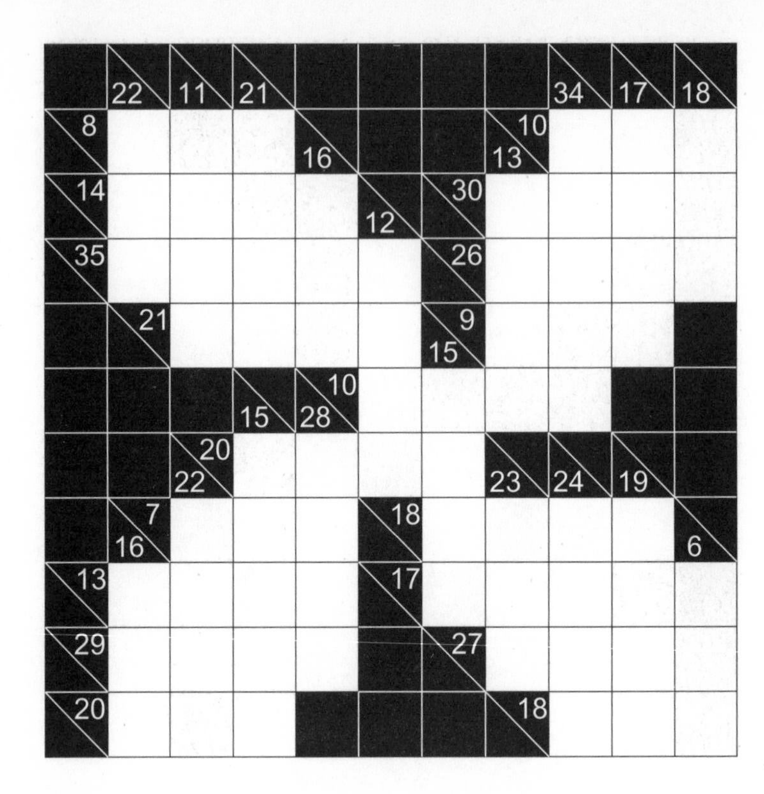

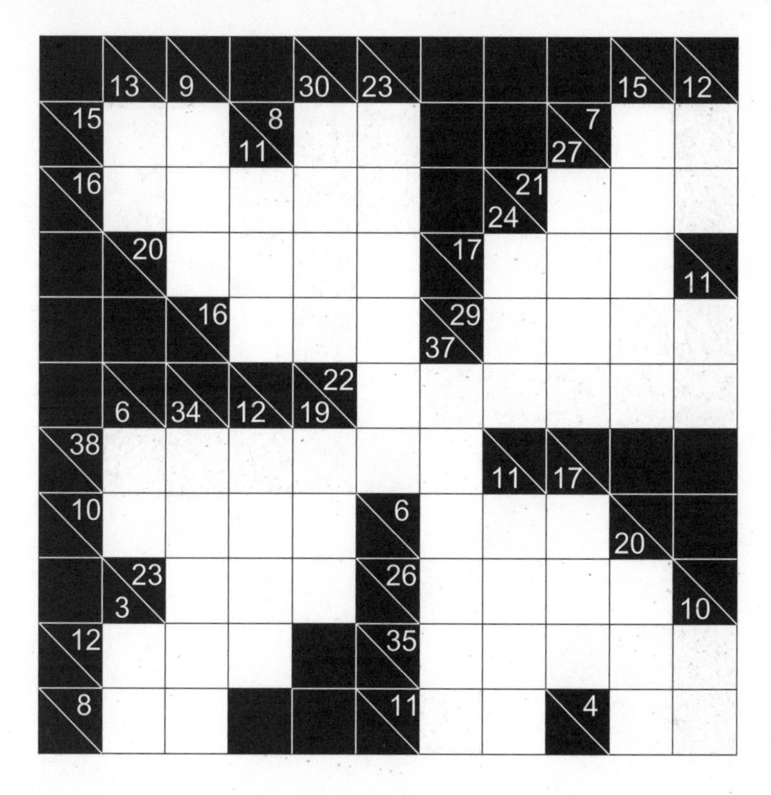

125

✳
✳

126

✳
✳
✳

9
37
23
6
16
10
13
17
11
12
43
42
16
9
3
17
29
24
12
7
11
8
11
14
26
8
11
17
10
21
30
9
12
14
20
4
6
7
15
5
7
13
16
41
11
27

127

✳

✳

✳

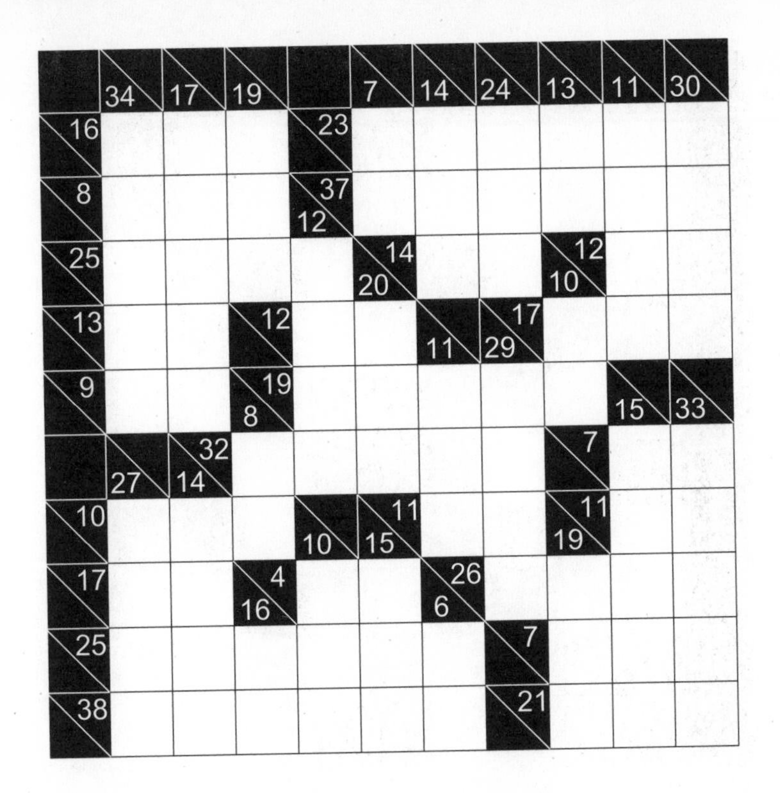

128

✳
✳
✳

■	17↓	8↓	23↓	9↓	12↓	■	9↓	10↓	39↓	23↓
34→						11→				
15→						31↓ 26→				
19→				3↓	17↓ 9→			11↓ 11→		
■	22↓	28↓ 14→					24→			
8→			17↓ 6→				8↓ 7→			
22→				10→				10↓ 8→		
11→				10↓ 25→					18↓	23↓
5→			14↓ 7→			13↓	7↓ 19→			
13→					16→					
29→					33→					

129

✳
✳
✳

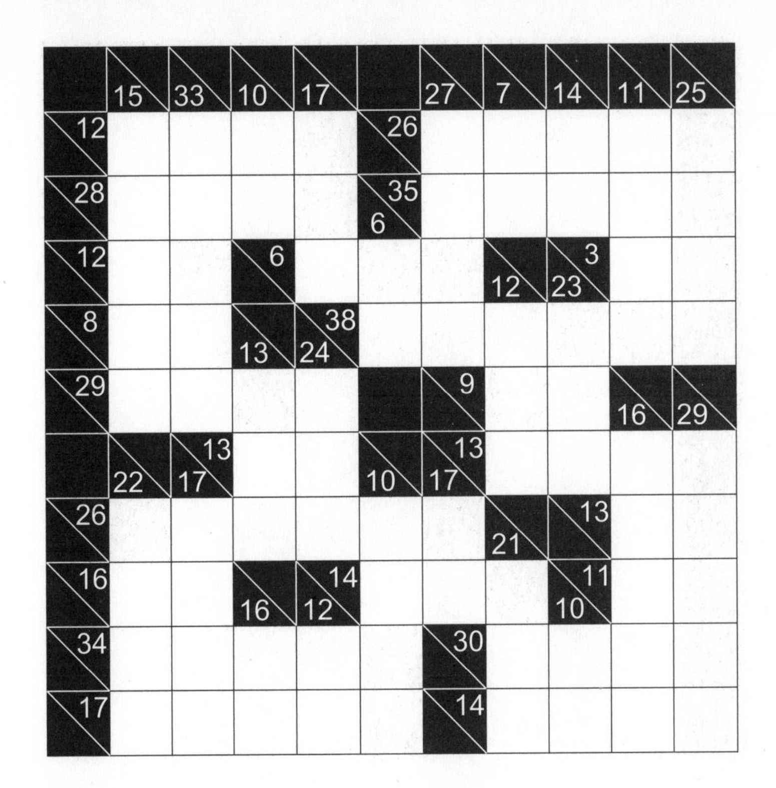

15
33
10
17
27
7
14
11
25
12
26
28
35
6
12
6
12
3
23
8
38
13
24
29
9
16
29
13
22
17
13
10
17
26
21
13
16
14
16
12
11
10
34
30
17
14

130

✳
✳
✳

■	26\	14\	3\	16\	21\	■	22\	5\	34\	16\
\29						\10				
\19						11\13				
\17			20\	\21				\10		
\8				35\6				18\12		
■	15\	32\9			■	\30				
\29					7\	25\14			28\	11\
\10			\7				\13			
\13			6\22				8\	12\9		
\12					\17					
\20					\35					

131

✳
✳
✳

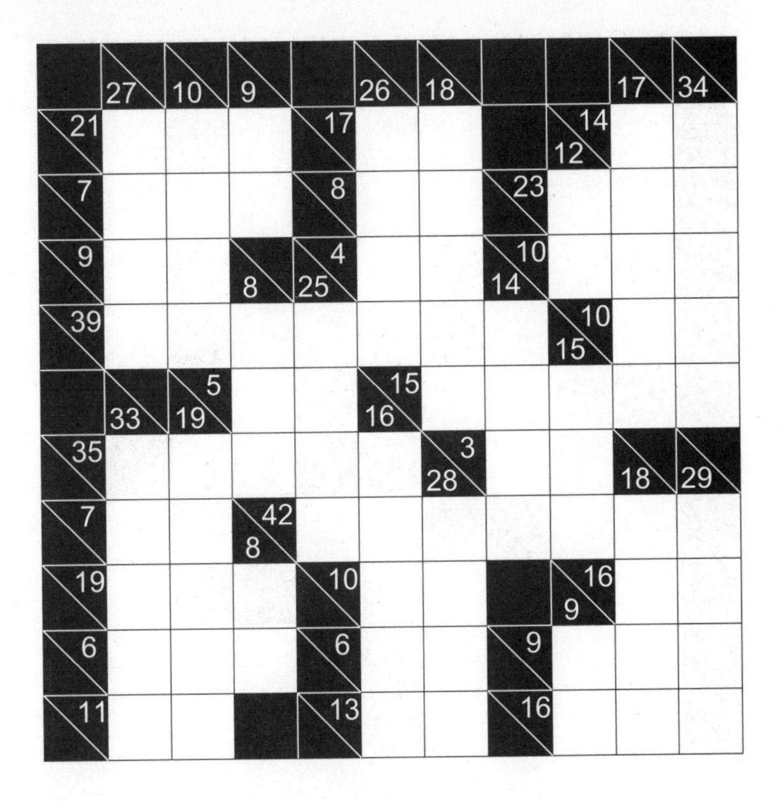

27
10
9
26
18
17
34
21
17
14
12
7
8
23
9
8
4
25
10
14
39
10
15
5
33
19
15
16
35
3
28
18
29
7
42
8
19
10
16
9
6
6
9
11
13
16

132

✳
✳
✳

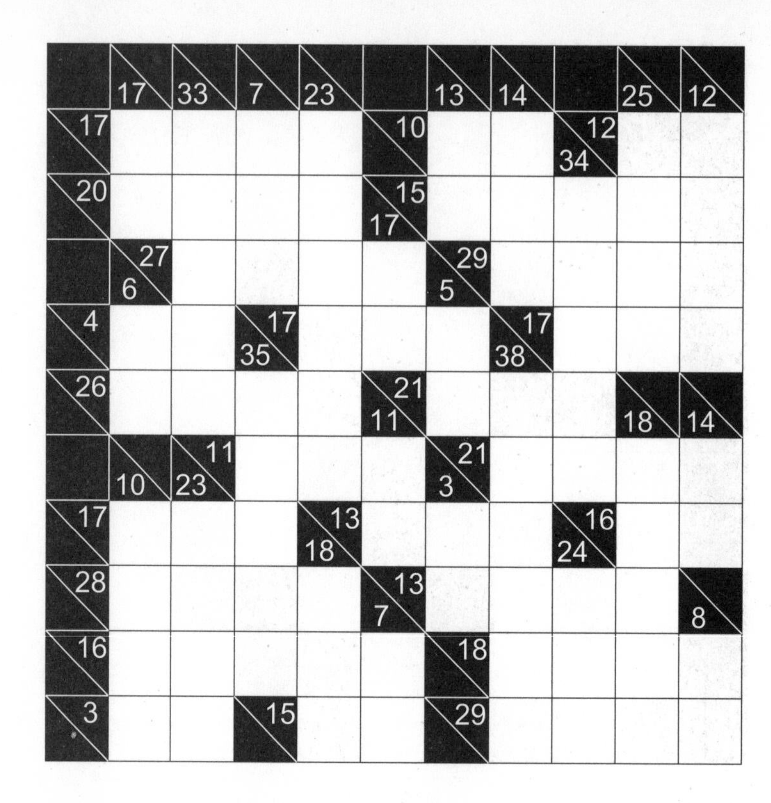

17
33
7
23
13
14
25
12
17
10
12
34
20
15
17
27
6
29
5
4
17
35
17
38
26
21
11
18
14
11
10
23
21
3
17
13
18
16
24
28
13
7
8
16
18
3
15
29

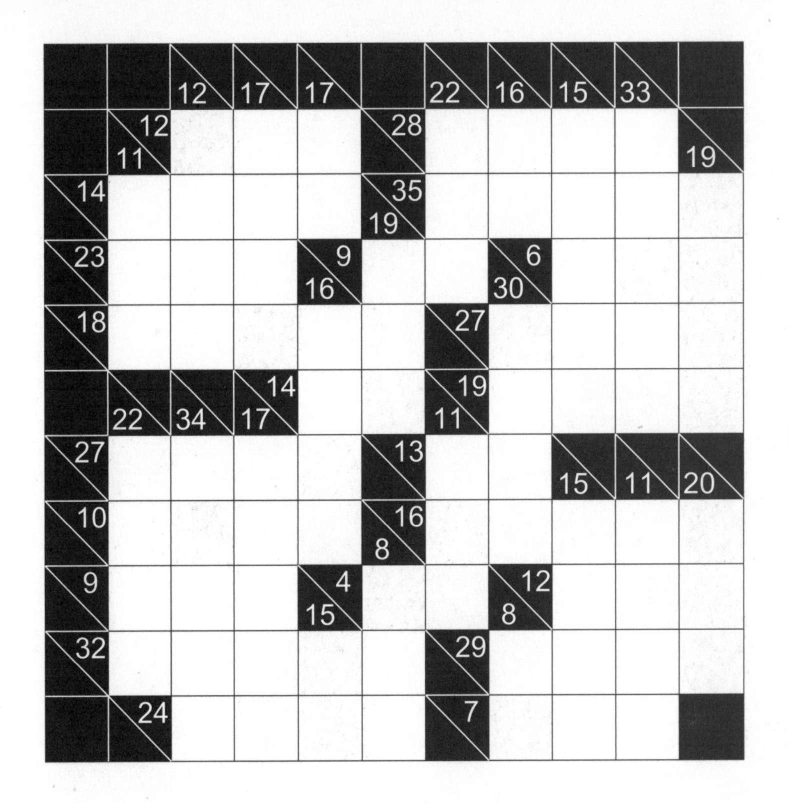

133

✳
✳
✳

134

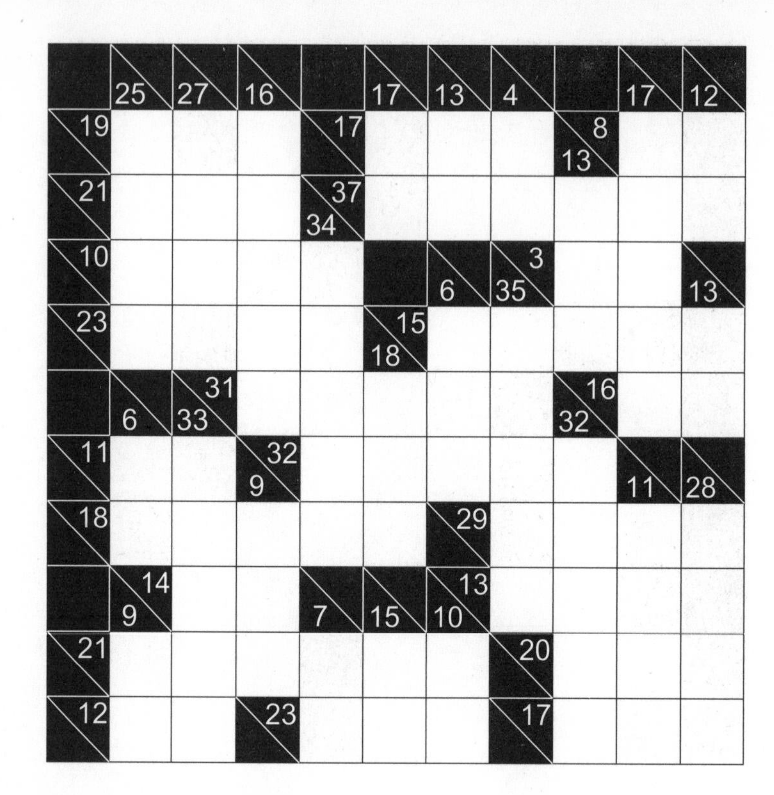

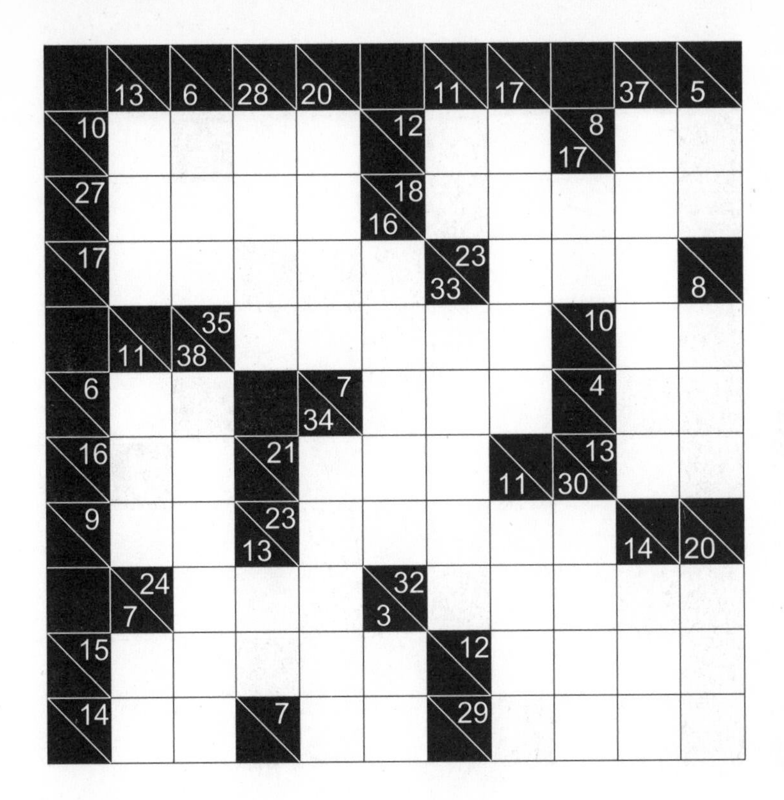

135

✳
✳
✳

136

✳
✳
✳

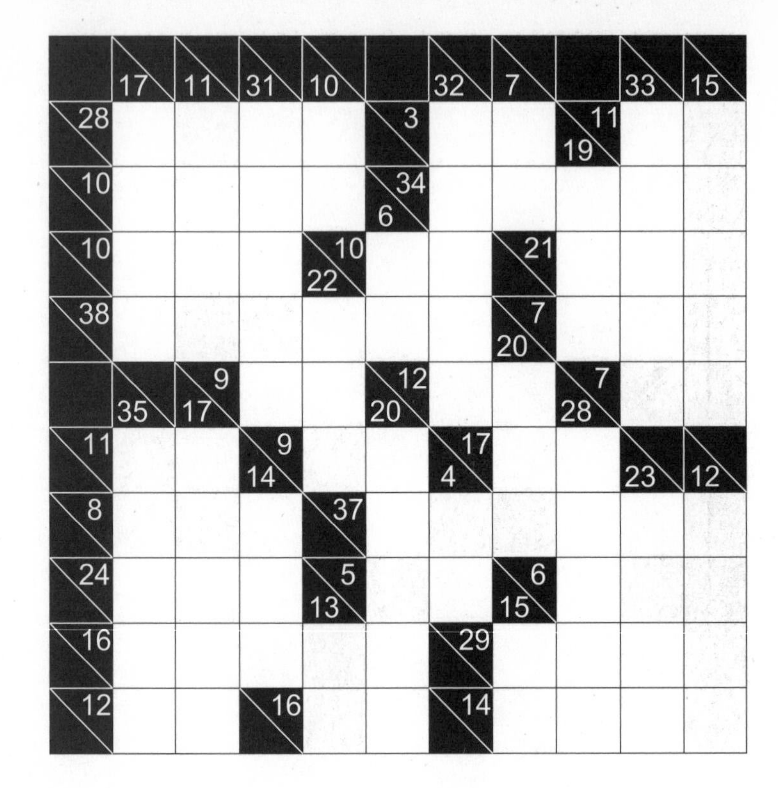
17
11
31
10
32
7
33
15
28
3
11
19
10
34
6
10
10
22
21
38
7
20
9
35
17
12
20
7
28
11
9
14
17
4
23
12
8
37
24
5
13
6
15
16
29
12
16
14

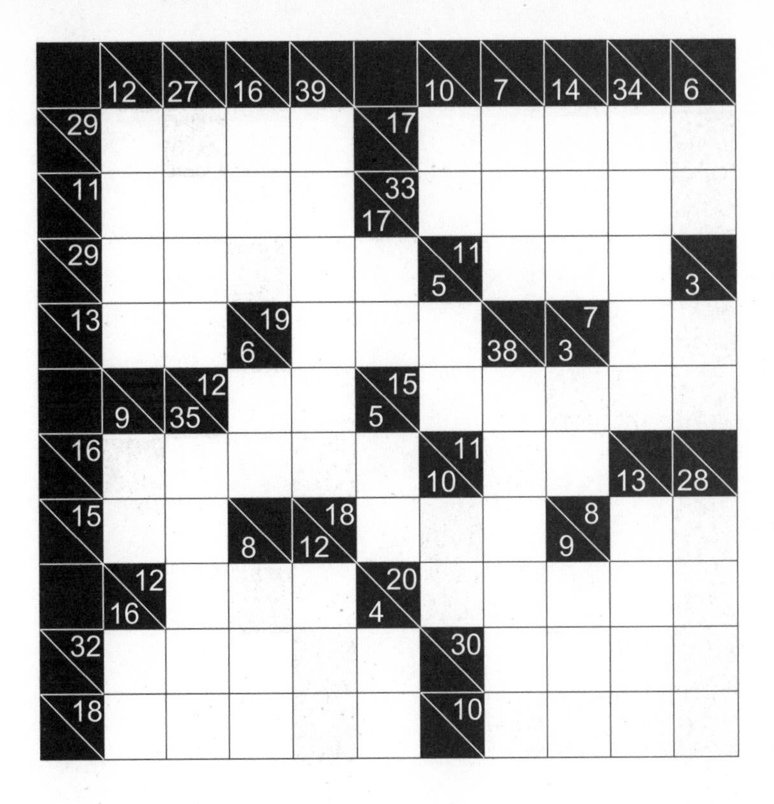
12 27 16 39 10 7 14 34 6
29 17
11 33 17
29 11 5 3
13 19 6 38 7 3
9 12 35 15 5
16 11 10 13 28
15 8 18 12 8 9
12 16 20 4
32 30
18 10

137

✳
✳
✳

138

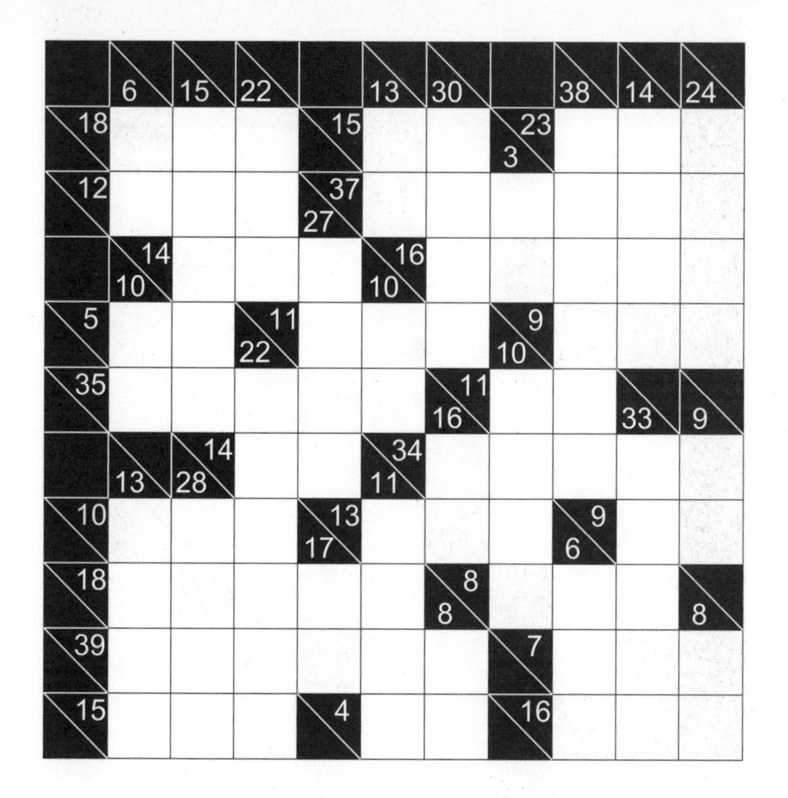

139

✳
✳
✳

140

✳
✳
✳

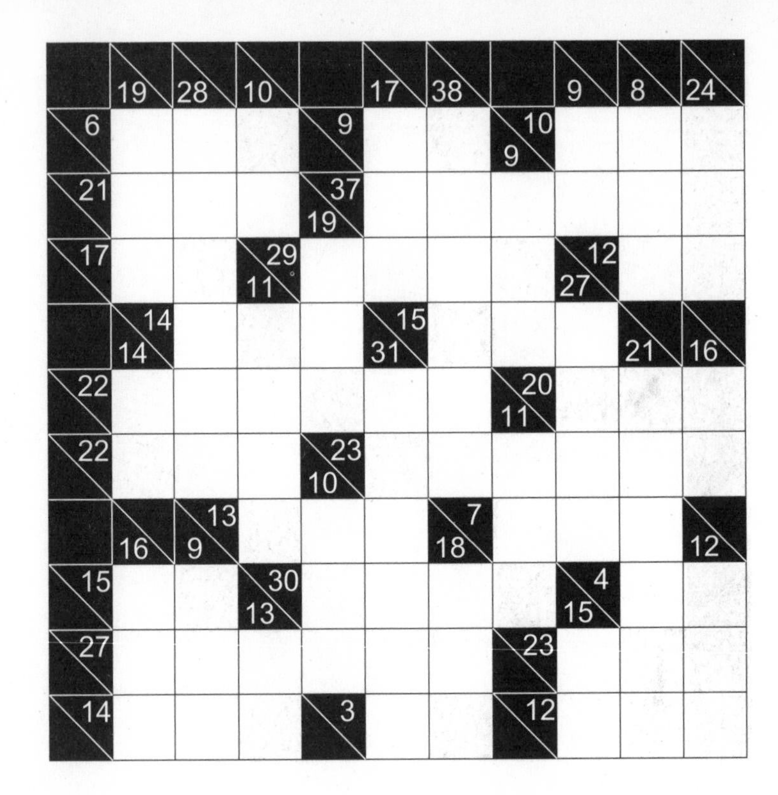

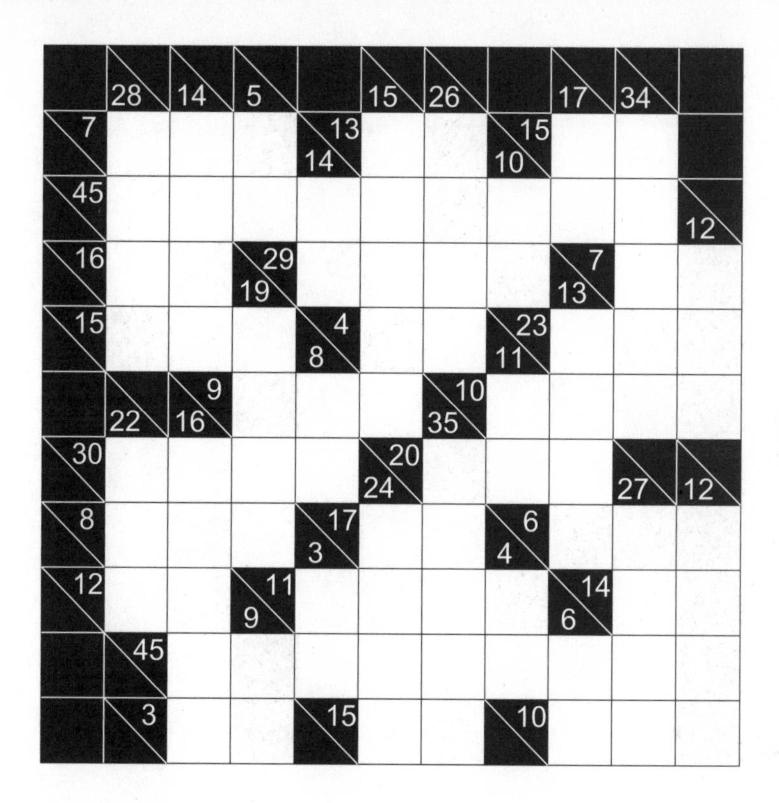

141

✳
✳
✳

142

✳
✳
✳

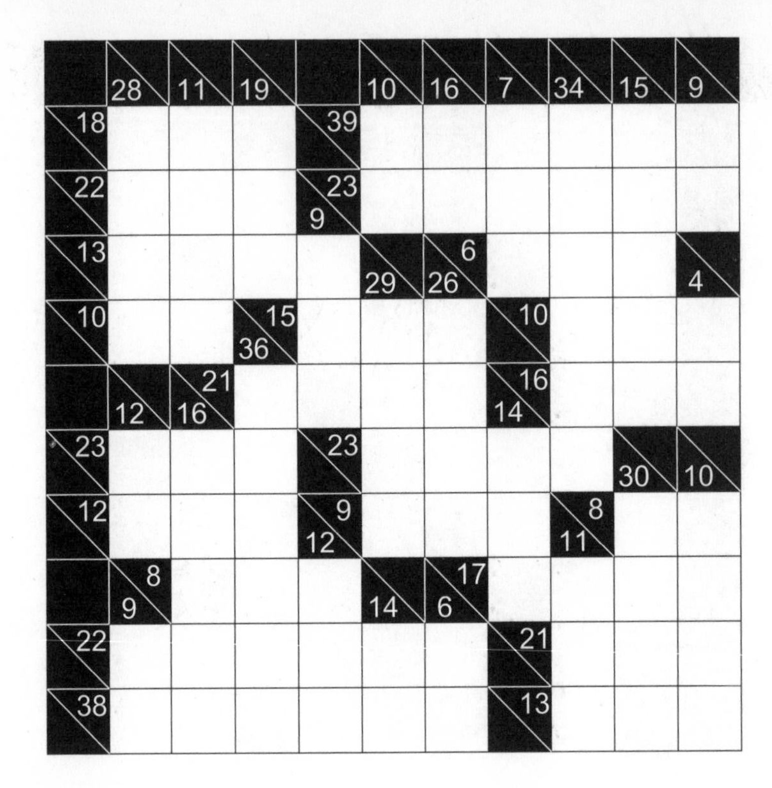
28
11
19
10
16
7
34
15
9
18
39
22
23
9
13
6
29
26
4
10
15
36
10
21
12
16
16
14
23
23
30
10
12
9
12
8
11
8
9
17
14
6
22
21
38
13

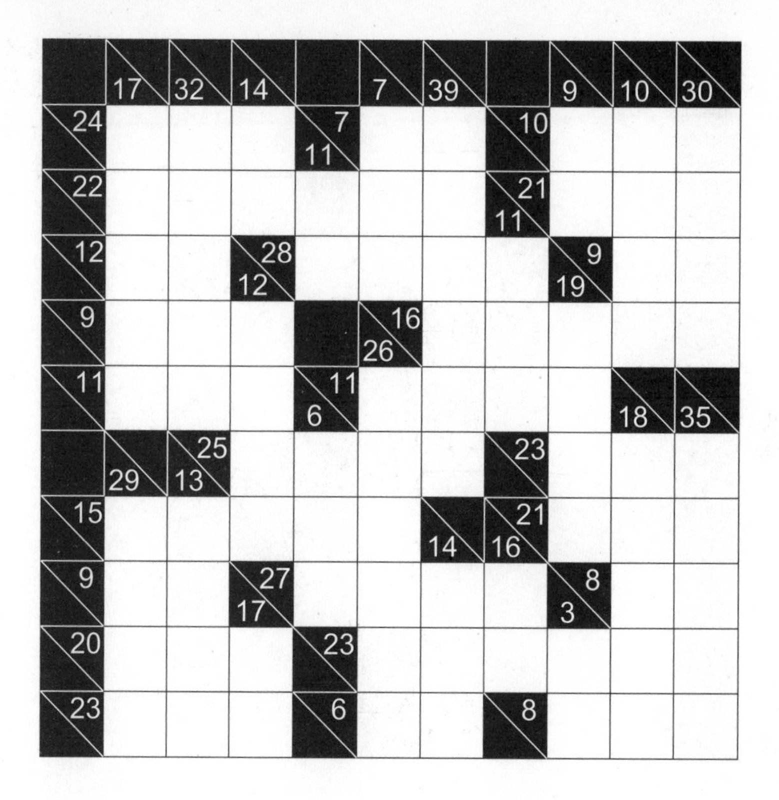

143

✳
✳
✳

144

✳
✳
✳

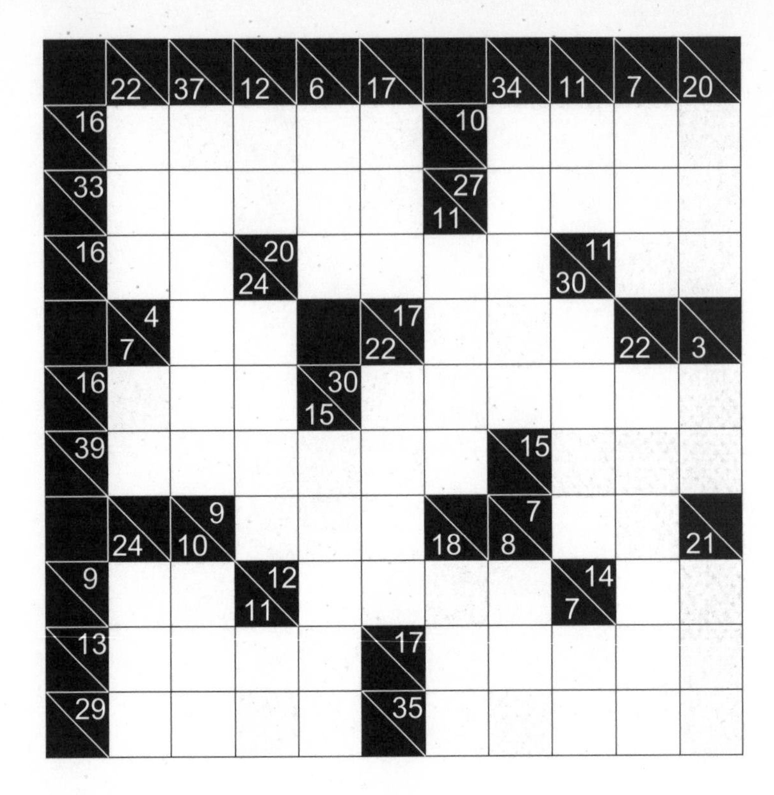

145

✳
✳
✳

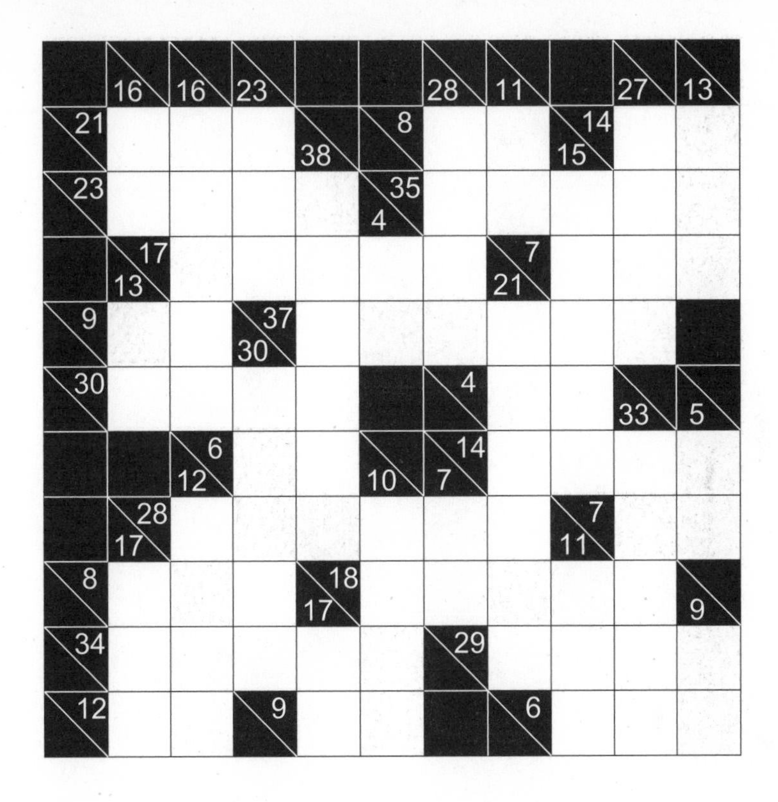

146

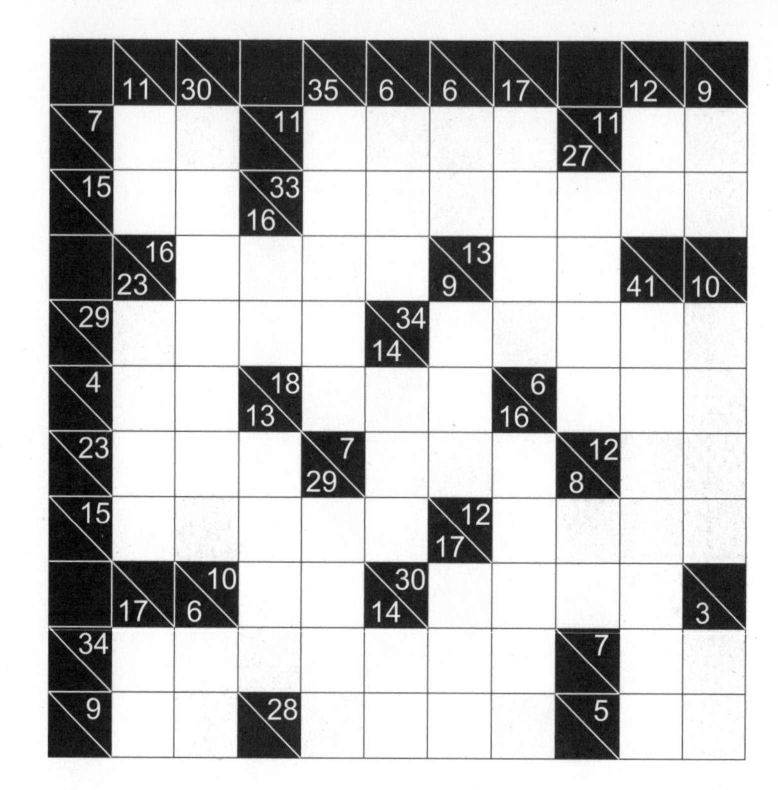

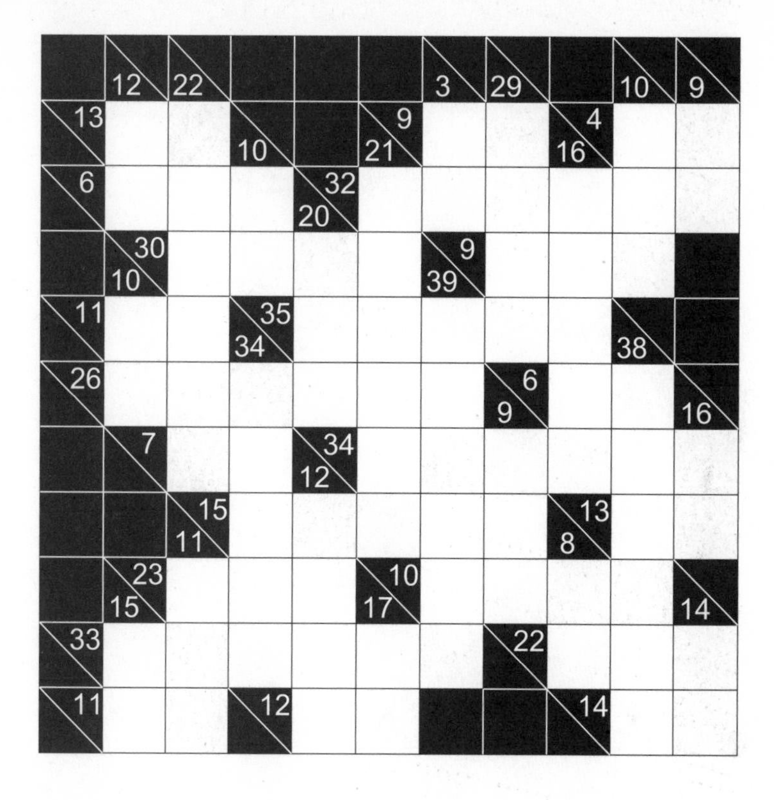

147

✳
✳
✳

148

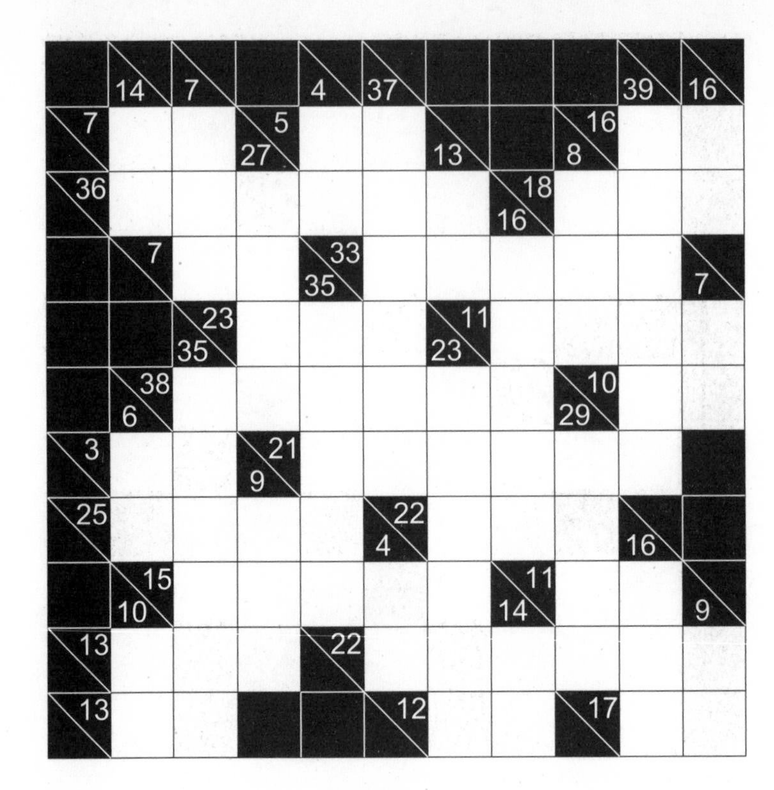
14
7
4
37
39
16
7
5
27
13
16
8
36
18
16
7
33
35
7
23
35
11
23
38
6
10
29
3
21
9
25
22
4
16
15
10
11
14
9
13
22
13
12
17

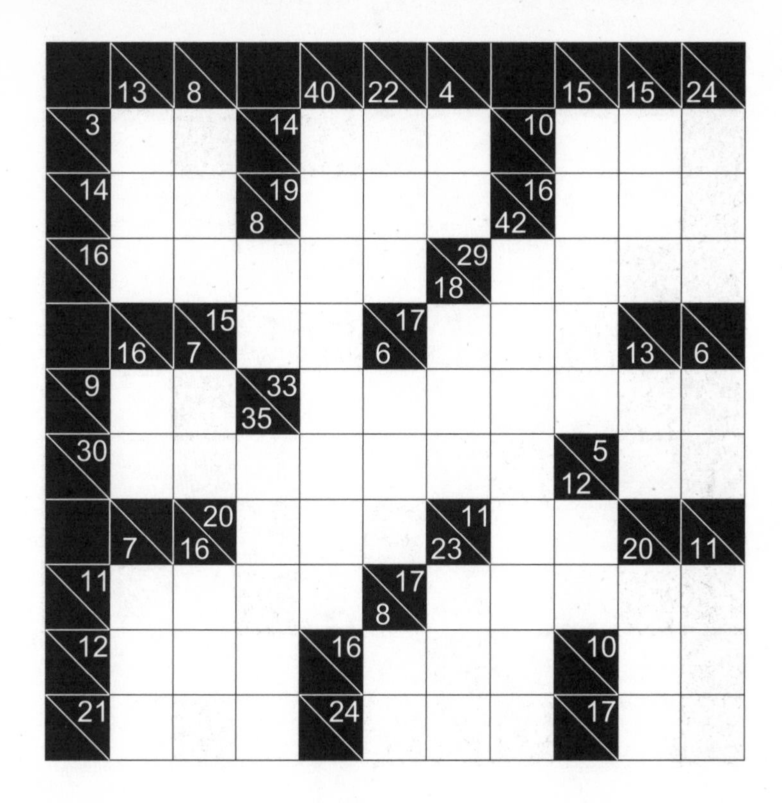

149

✳
✳
✳

150

✳
✳
✳

■	13\	8\	10\	23\	■	12\	11\	■	29\	28\
\13					23\17			\11		
\34								8\14		
■	11\	38\20				37\11				
\21				8\3			15\22			
\5			19\22							8\
■	30\39							29\4		
\9				6\11			10\14			
\27					16\24				6\	10\
\15			\37							
\14			\9			\12				

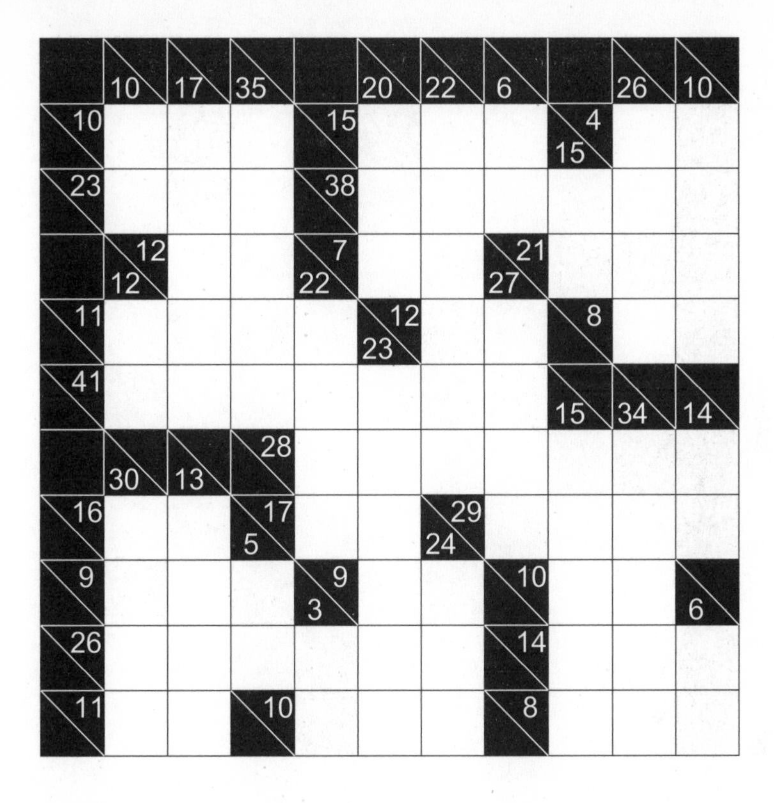

10
17
35
20
22
6
26
10
10
15
4
15
23
38
12
12
7
22
21
27
11
12
23
8
41
15
34
14
28
30
13
16
17
5
29
24
9
9
3
10
6
26
14
11
10
8

151

✳
✳
✳

152

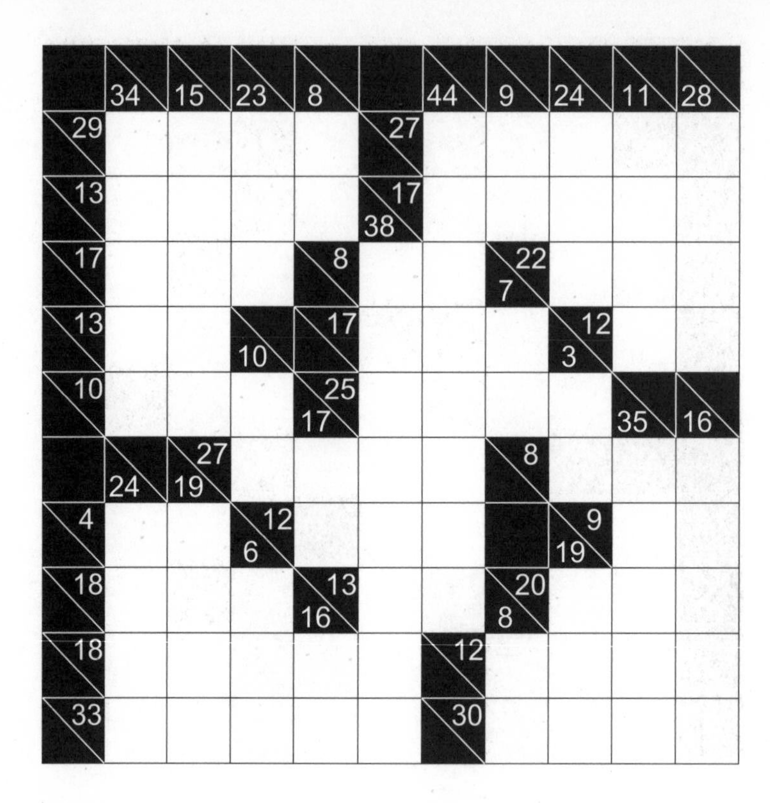

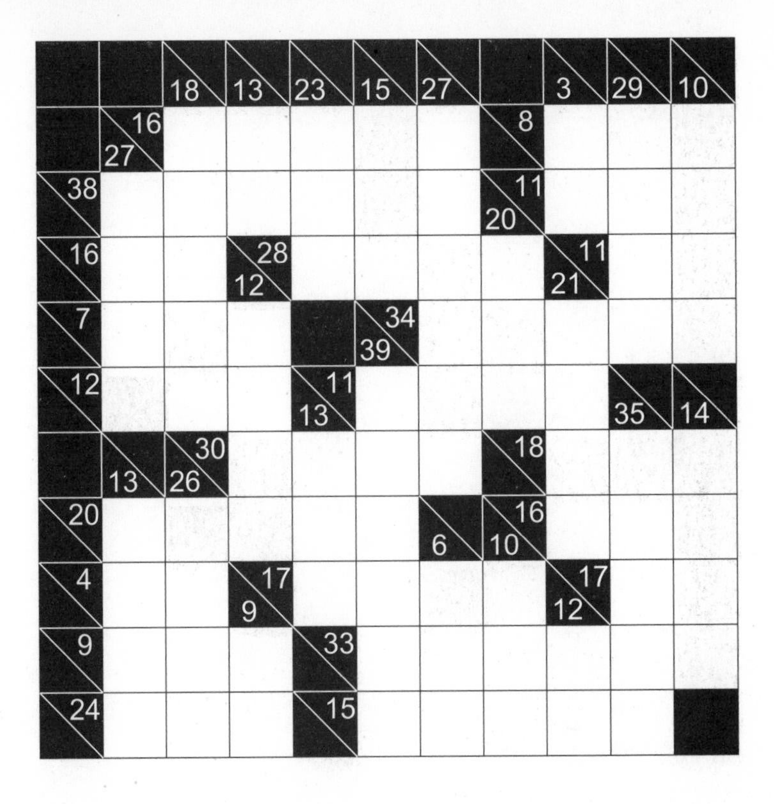

153

✳
✳
✳

154

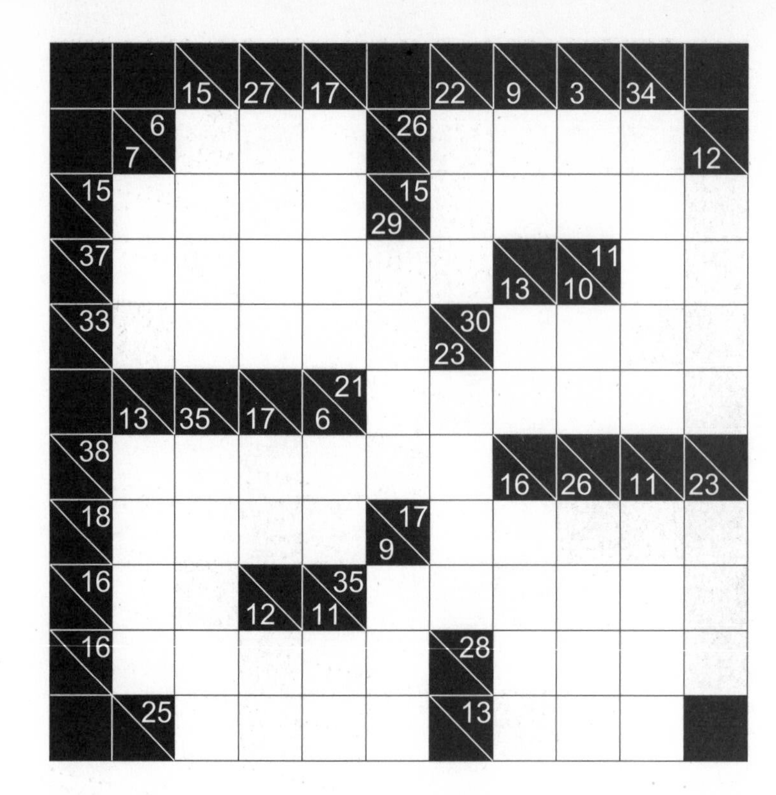

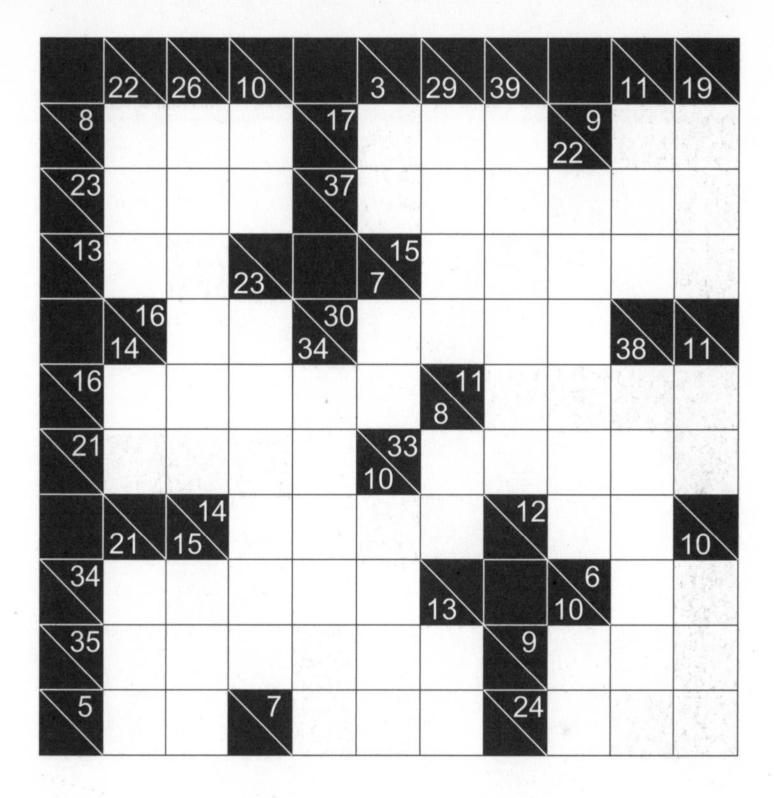
22
26
10
3
29
39
11
19
8
17
9
22
23
37
13
23
15
7
16
14
30
34
38
11
16
11
8
21
33
10
21
14
15
12
10
34
13
6
10
35
9
5
7
24

155

✳
✳
✳

156

✳
✳
✳

■	■	■	14\	4\	45\	■	16\	3\	■	■
■	■	\8				45\11			■	■
■	6\	38\26							22\	19\
\5			■	\9			■	\13		
\9			4\	8\6			6\	12\4		
■	7\45									
\45										7\
\11			■	\15			■	\3		
\12			15\	10\10			11\	16\13		
■	■	\23							■	■
■	■	\17			\23				■	■

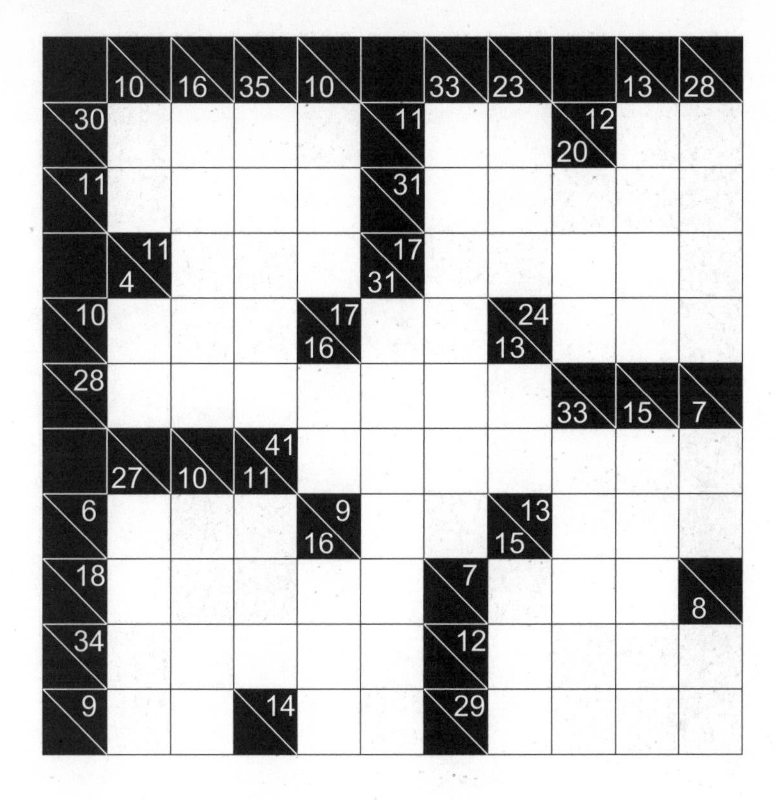
10 16 35 10 33 23 13 28
30 11 12 20
11 31
11 4 17 31
10 17 16 24 13
28 33 15 7
27 10 41 11
6 9 16 13 15
18 7 8
34 12
9 14 29

157

✶
✶
✶

158

✳
✳
✳

■	23\	37\	■	3\	18\	■	33\	14\	20\	6\
\14			\9			35\27				
\17			3\33							
\10				40\8				5\8		
■	5\7				16\21				38\	6\
\11			3\39							
\28								16\10		
■	9\	19\12				16\15				17\
\4			11\22				15\11			
\35								\13		
\30					\7			\17		

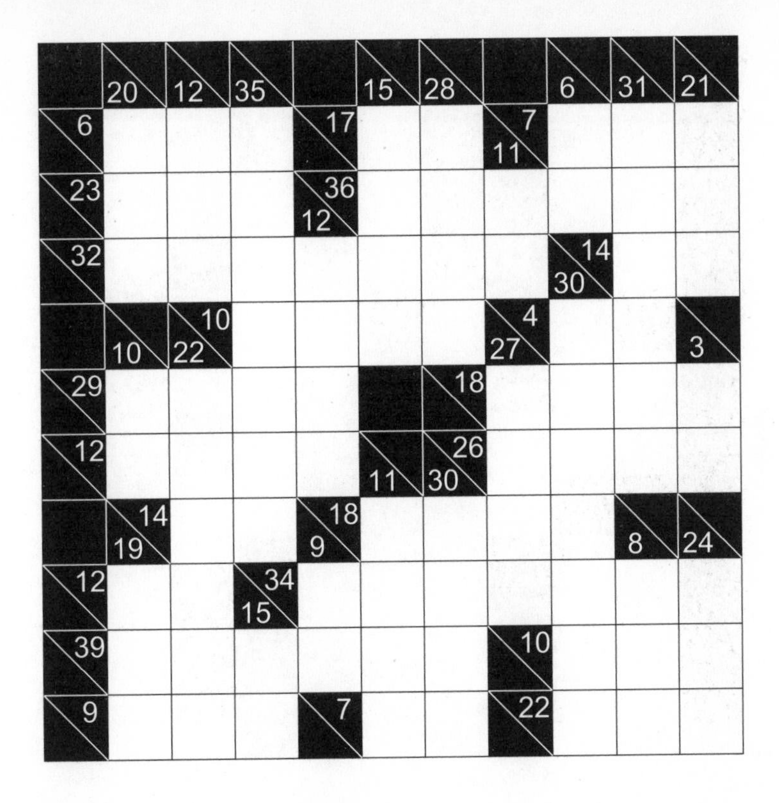

159

✳
✳
✳

160

✳
✳
✳

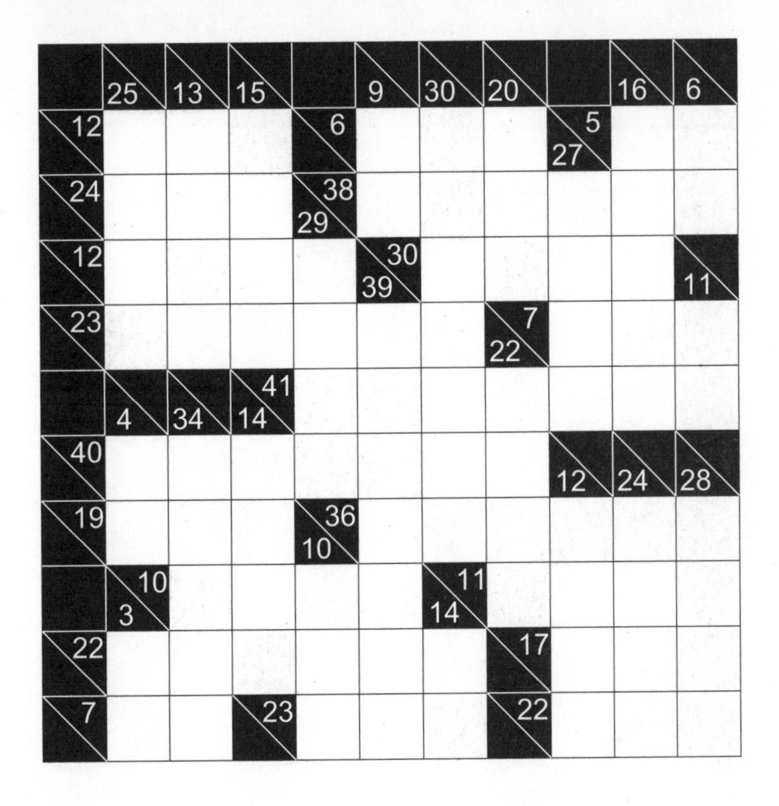

25
13
15
9
30
20
16
6
12
6
5
27
24
38
29
12
30
39
11
23
7
22
41
4
34
14
40
12
24
28
19
36
10
10
3
11
14
22
17
7
23
22

161

✳
✳
✳

162

✳
✳
✳

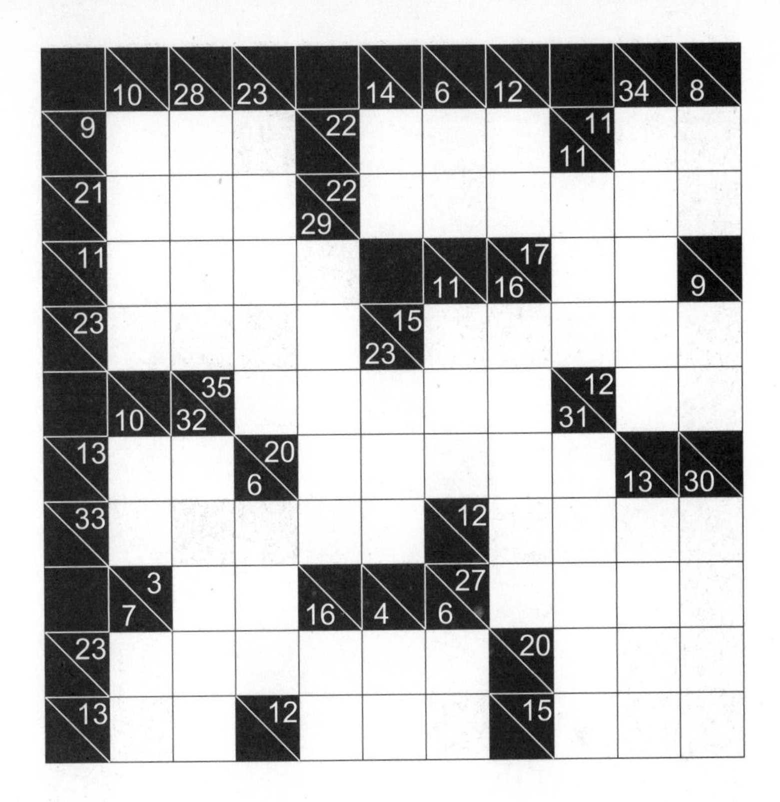

10
28
23
14
6
12
34
8
9
22
11
11
21
22
29
11
11
17
16
9
23
15
23
35
10
32
12
31
13
20
6
13
30
33
12
3
7
16
4
27
6
23
20
13
12
15

163

✳
✳
✳
✳

164

✳
✳
✳
✳

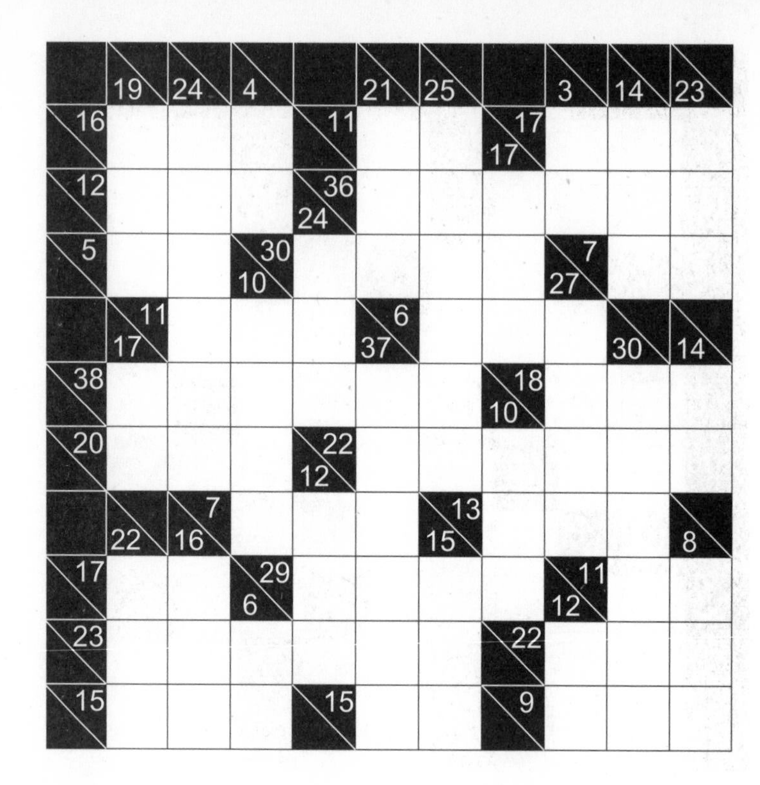
19
24
4
21
25
3
14
23
16
11
17
17
12
36
24
5
30
10
7
27
11
17
6
37
30
14
38
18
10
20
22
12
22
7
16
13
15
8
17
29
6
11
12
23
22
15
15
9

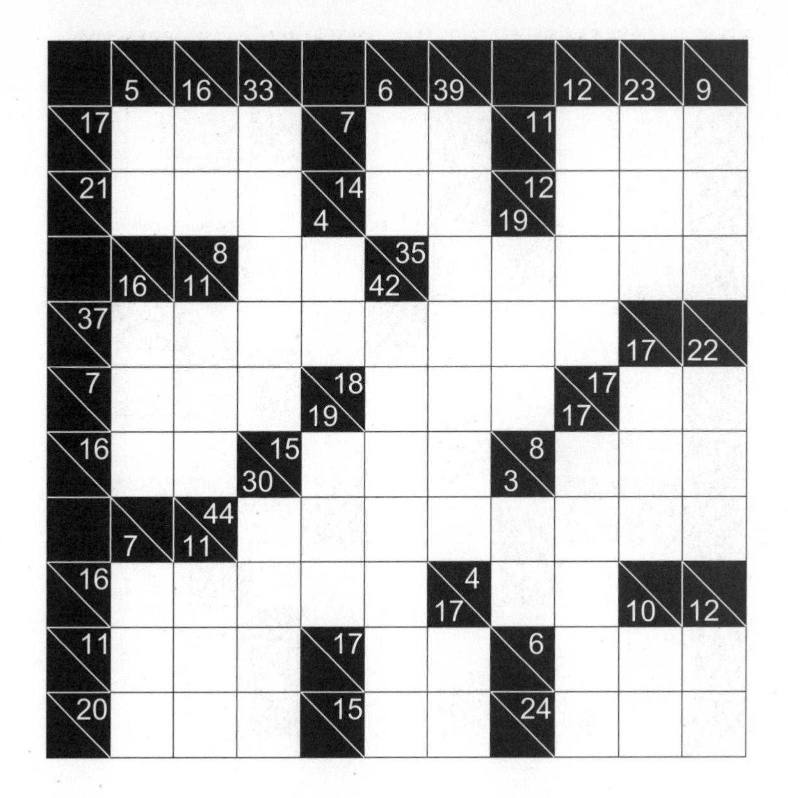

165

✳ ✳ ✳ ✳

166

✶
✶
✶
✶

■	10\	30\	17\	■	6\	37\	4\	■	10\	28\
\24				\6				14\12		
\10				\22						
■	12\12			15\9			17\21			
\11					38\8			\5		
\36								16\	34\	10\
■	14\	27\	\38							
\17			5\7			9\30				
\7				16\15			\11			3\
\23							\8			
\11			\15				\14			

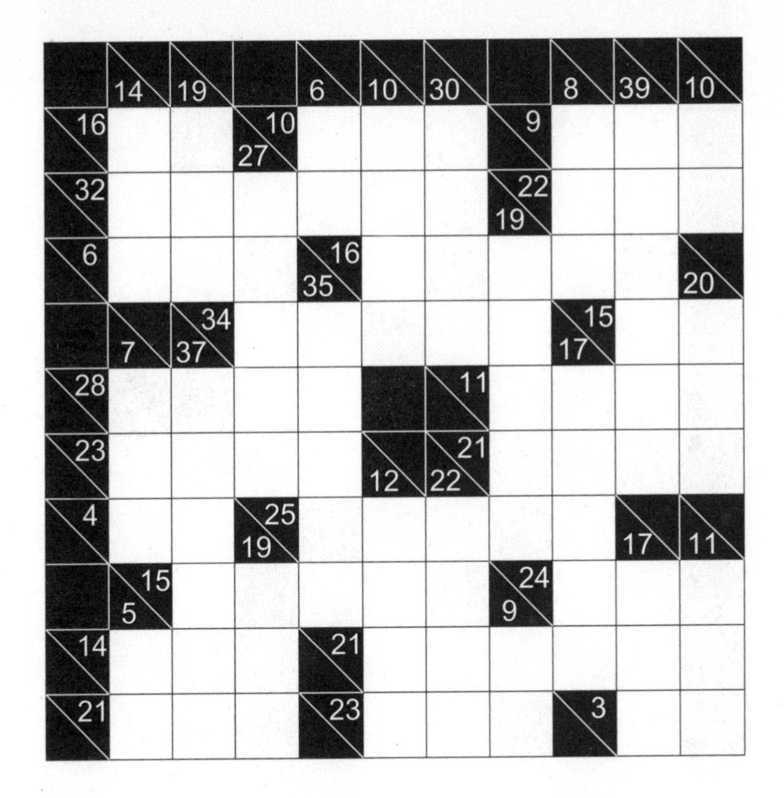
14
19
6
10
30
8
39
10
16
10
27
9
32
22
19
6
16
35
20
34
7
37
15
17
28
11
23
21
12
22
4
25
19
17
11
15
5
24
9
14
21
21
23
3

167

✳
✳
✳
✳

168

✳
✳
✳
✳

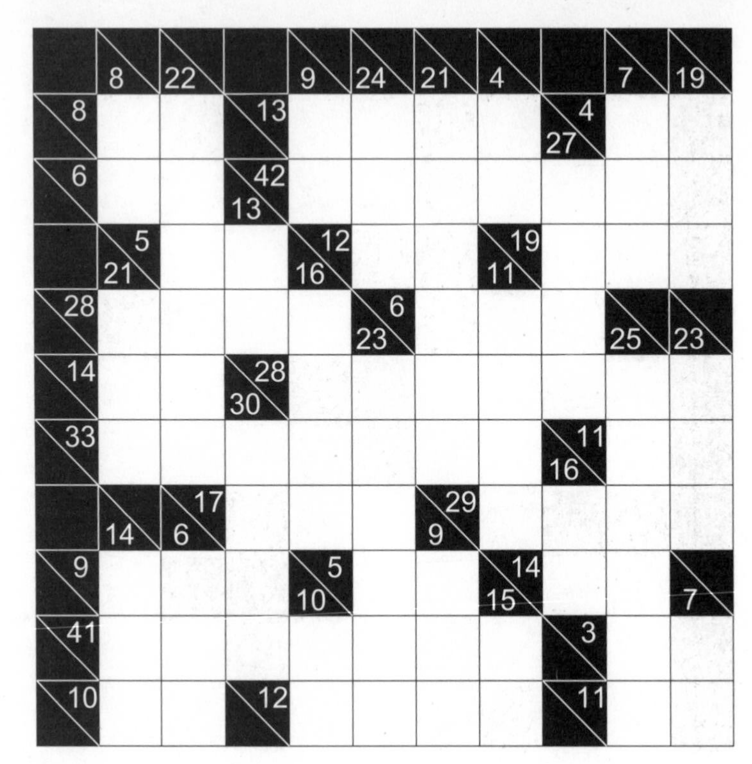
8
22
9
24
21
4
7
19
8
13
4
27
6
42
13
5
21
12
16
19
11
28
6
23
25
23
14
28
30
33
11
16
17
14
6
29
9
9
5
10
14
15
7
41
3
10
12
11

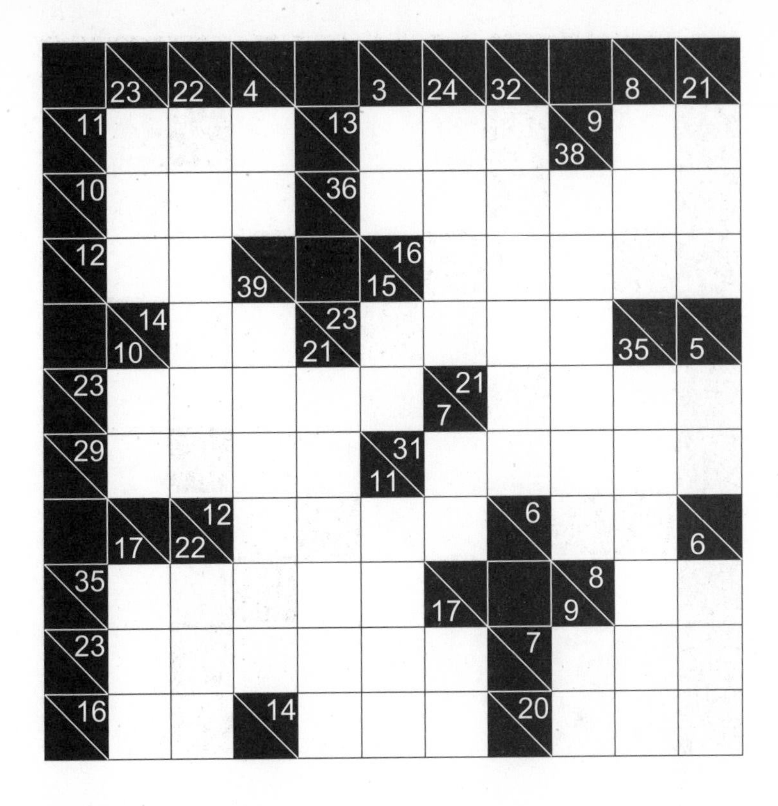
23 22 4 3 24 32 8 21
11 13 9 38
10 36
12 39 16 15
14 10 23 21 35 5
23 21 7
29 31 11
17 12 22 6 6
35 17 8 9
23 7
16 14 20

169

✳
✳
✳
✳

170

✳
✳
✳
✳

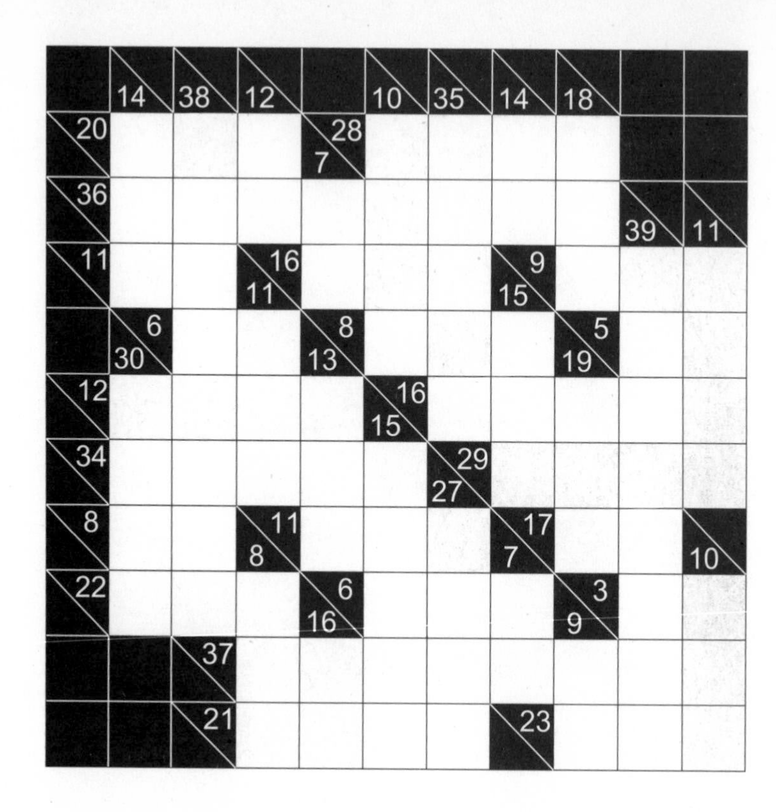

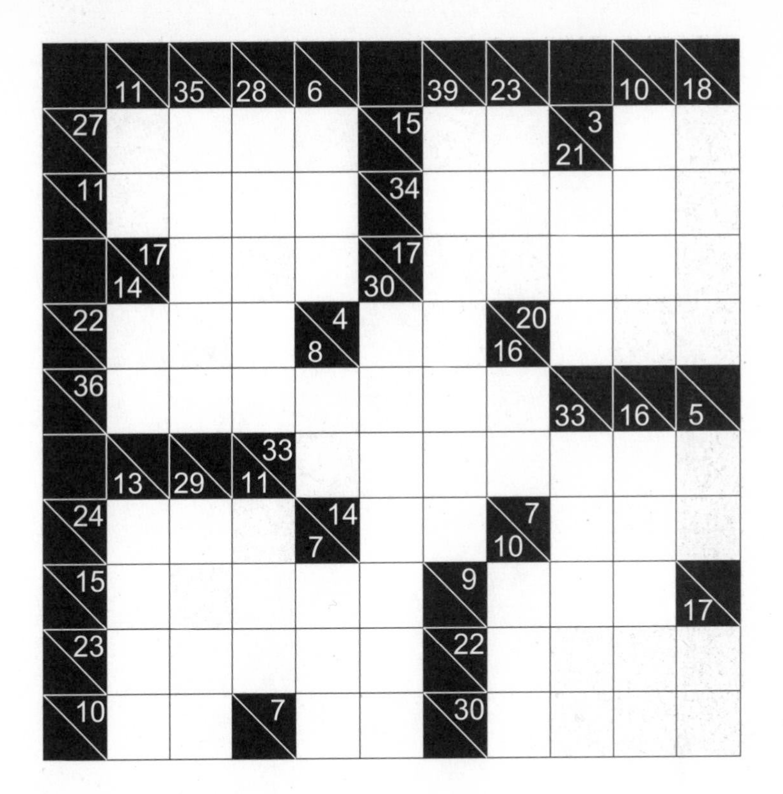

171

✳
✳
✳
✳

172

✳
✳
✳
✳

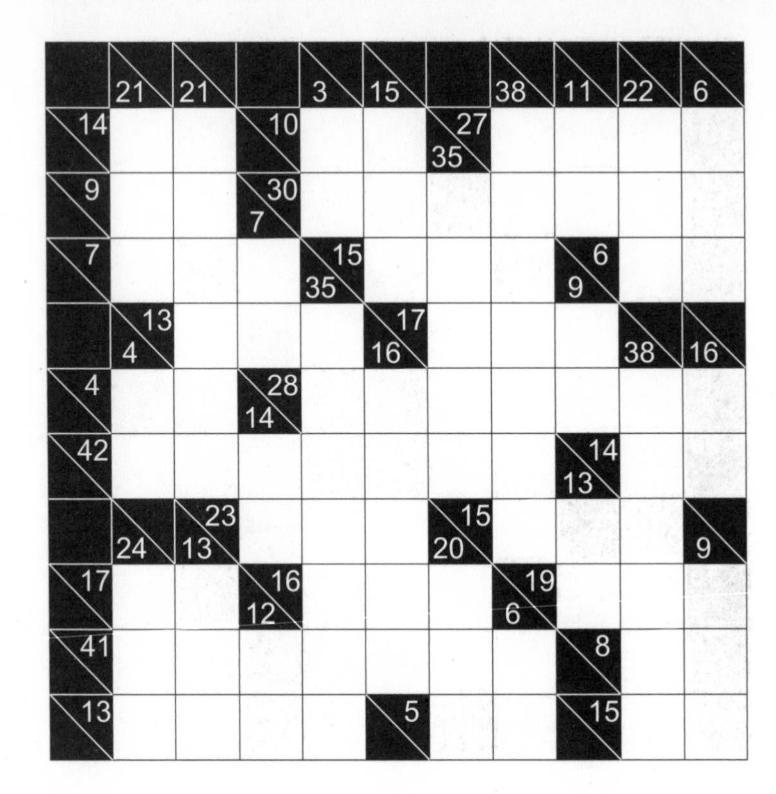

21
21
3
15
38
11
22
6
14
10
27
35
9
30
7
7
15
35
6
9
13
4
17
16
38
16
4
28
14
42
14
13
23
24
13
15
20
9
17
16
12
19
6
41
8
13
5
15

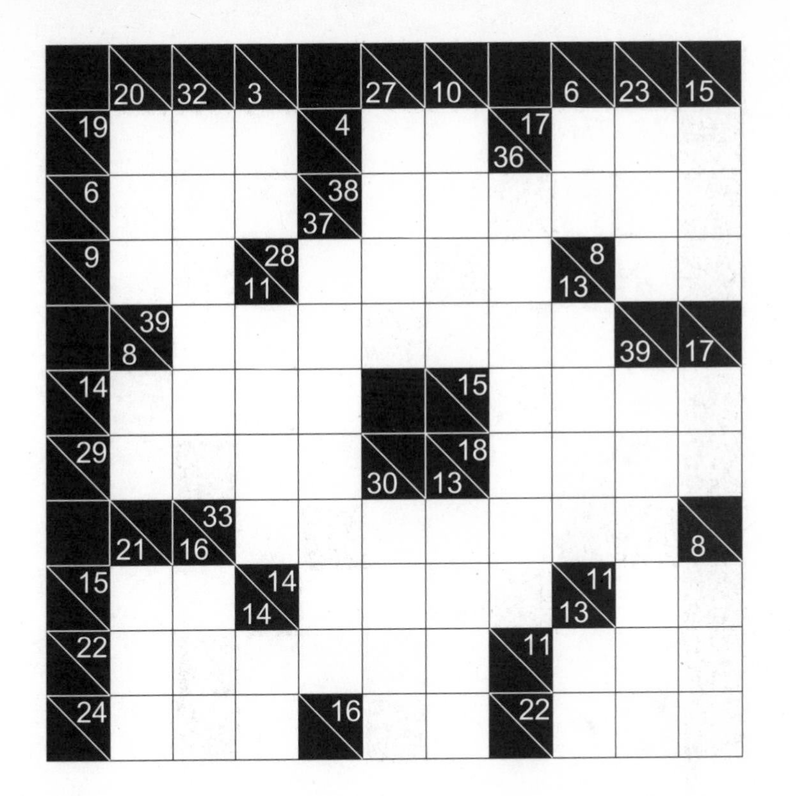

173

✳
✳
✳
✳

174

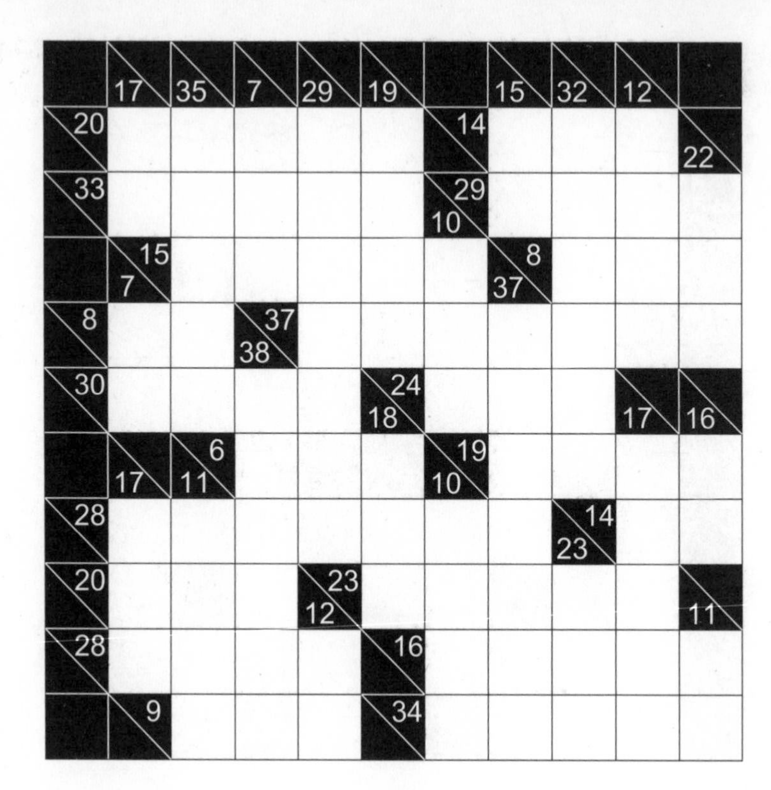

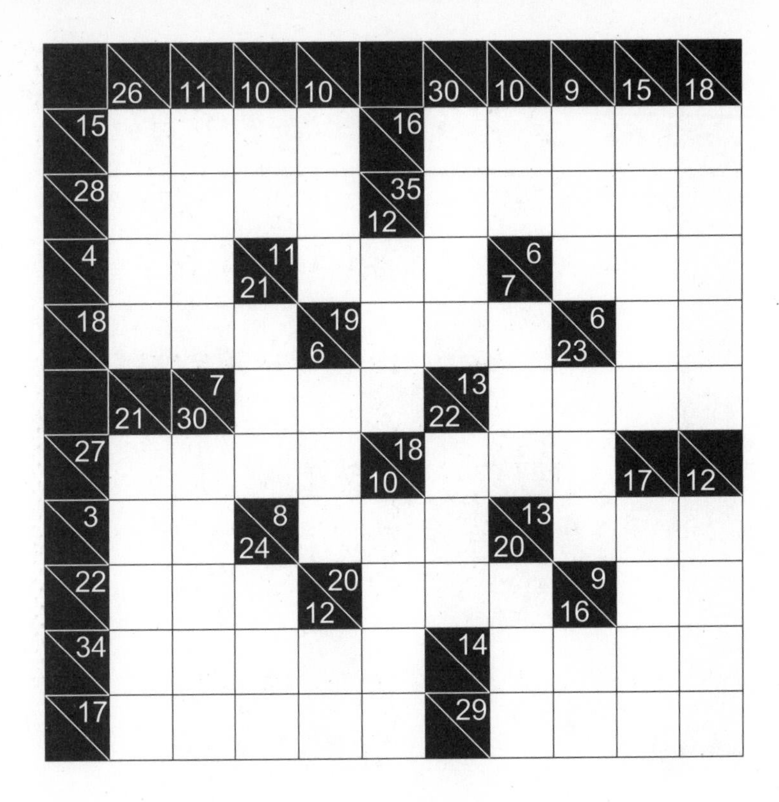

175

✳

✳

✳

✳

176

✳
✳
✳
✳

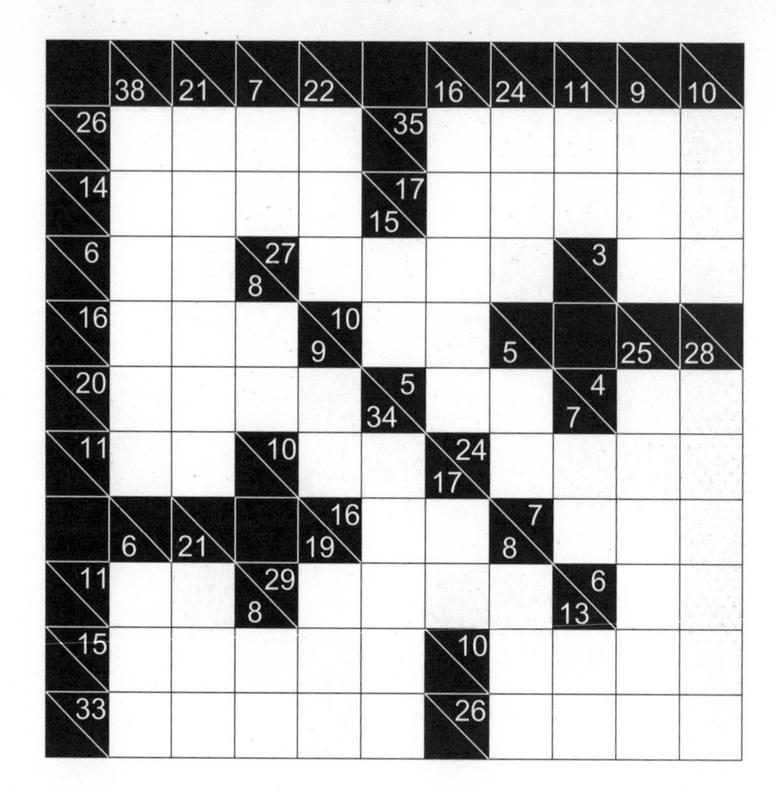
38 21 7 22 16 24 11 9 10
26 35
14 17 15
6 27 8 3
16 10 9 5 25 28
20 5 34 4 7
11 10 24 17
6 21 16 19 7 8
11 29 8 6 13
15 10
33 26

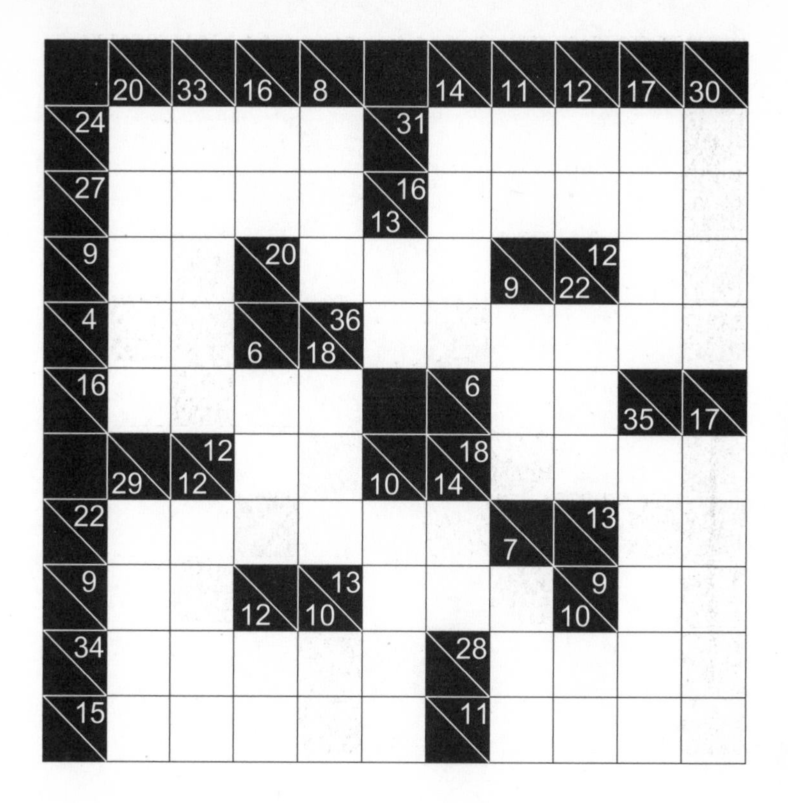
20
33
16
8
14
11
12
17
30
24
31
27
16
13
9
20
12
9
22
4
36
6
18
16
6
35
17
12
29
12
10
18
14
22
13
7
9
13
12
10
9
10
34
28
15
11

177

✳ ✳ ✳ ✳

178

✳
✳
✳
✳

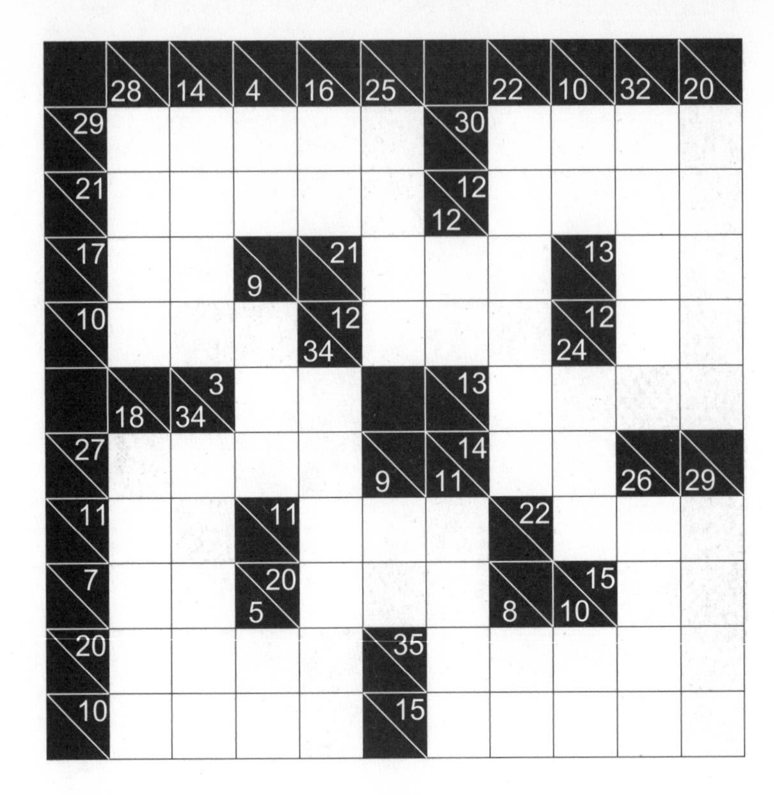

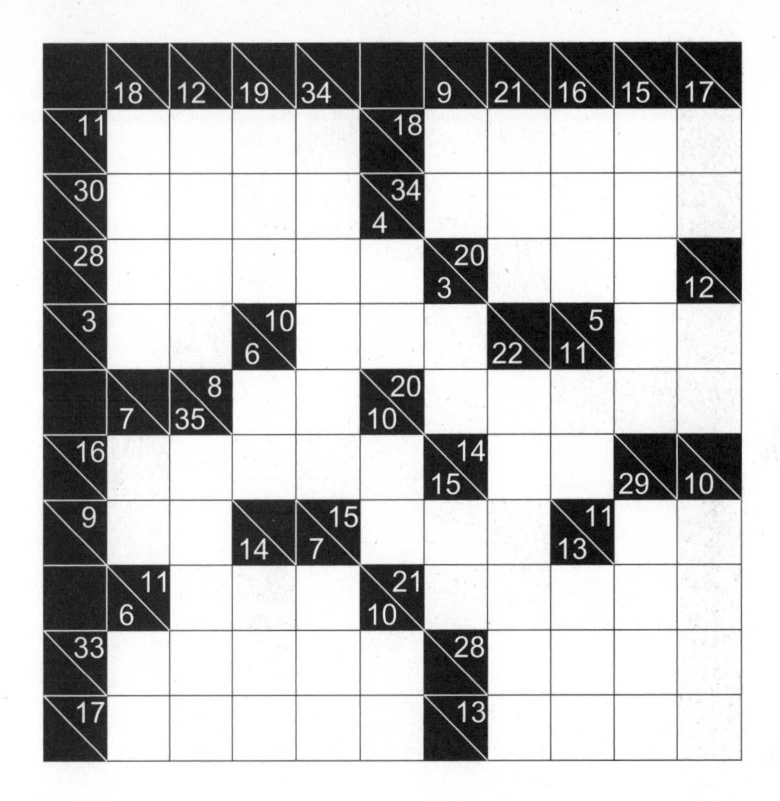
18
12
19
34
9
21
16
15
17
11
18
30
34
4
28
20
3
12
3
10
6
22
5
11
8
7
35
20
10
16
14
15
29
10
9
15
14
7
11
13
11
6
21
10
33
28
17
13

179

✳
✳
✳
✳

180

✳
✳
✳
✳

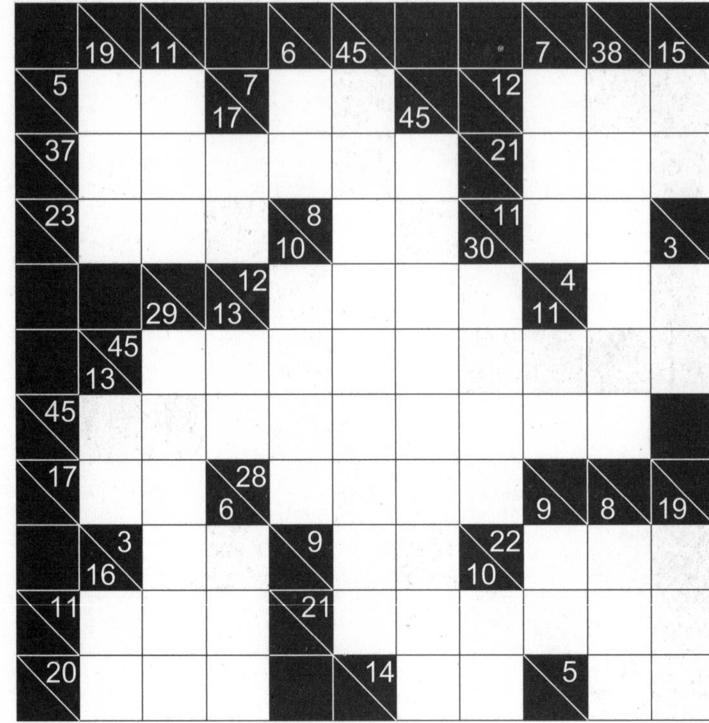

19 11 6 45 7 38 15
5 7 17 45 12
37 21
23 8 10 11 30 3
12 29 13 4 11
45 13
45
17 28 6 9 8 19
3 16 9 22 10
11 21
20 14 5

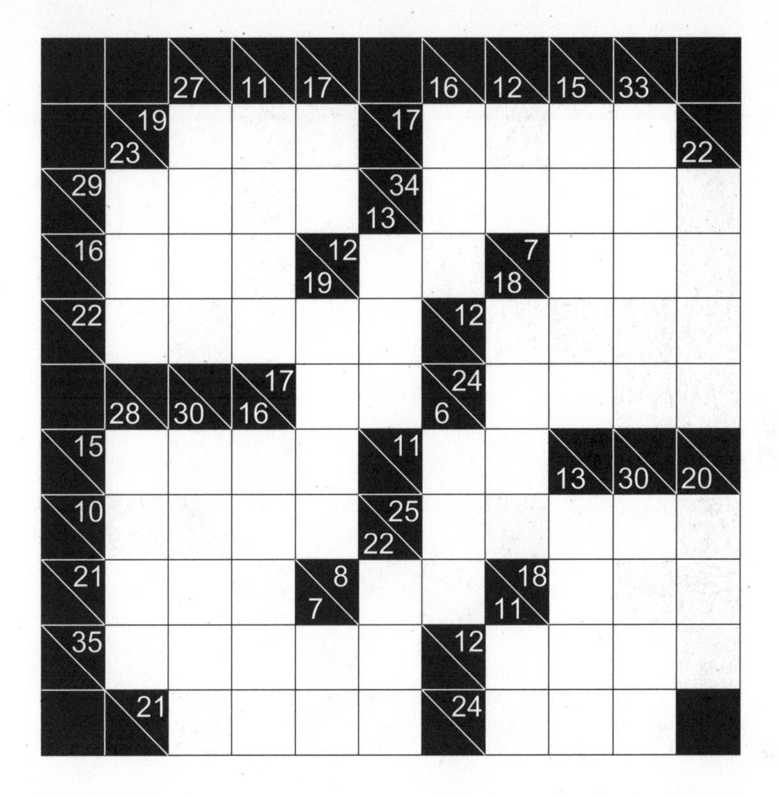

181

✳
✳
✳
✳

182

✳
✳
✳
✳

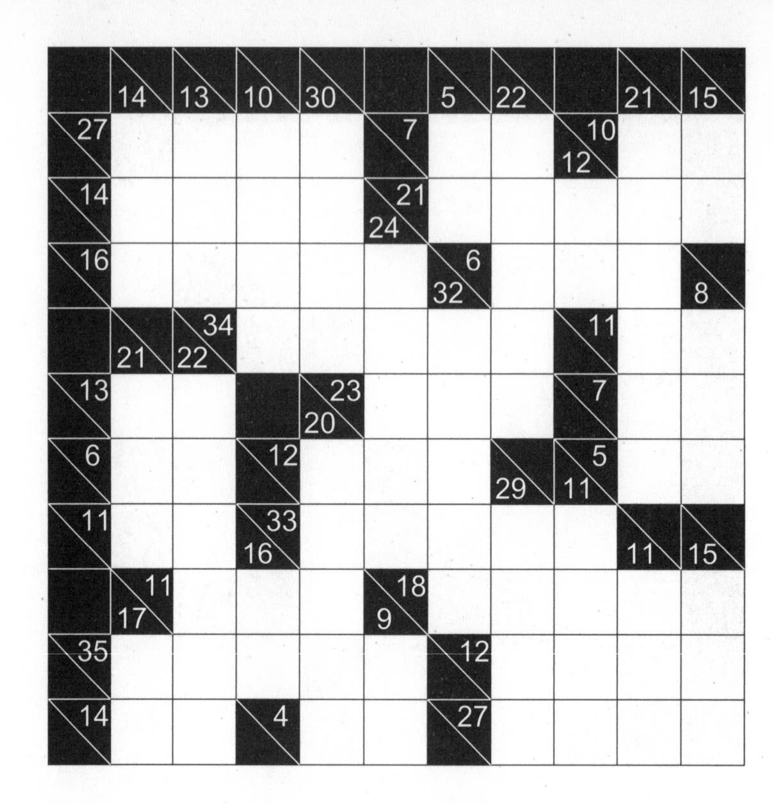

14 13 10 30 5 22 21 15
27 7 10 12
14 21 24
16 6 32 8
21 34 22 11
13 23 20 7
6 12 29 5 11
11 33 16 11 15
11 17 18 9
35 12
14 4 27

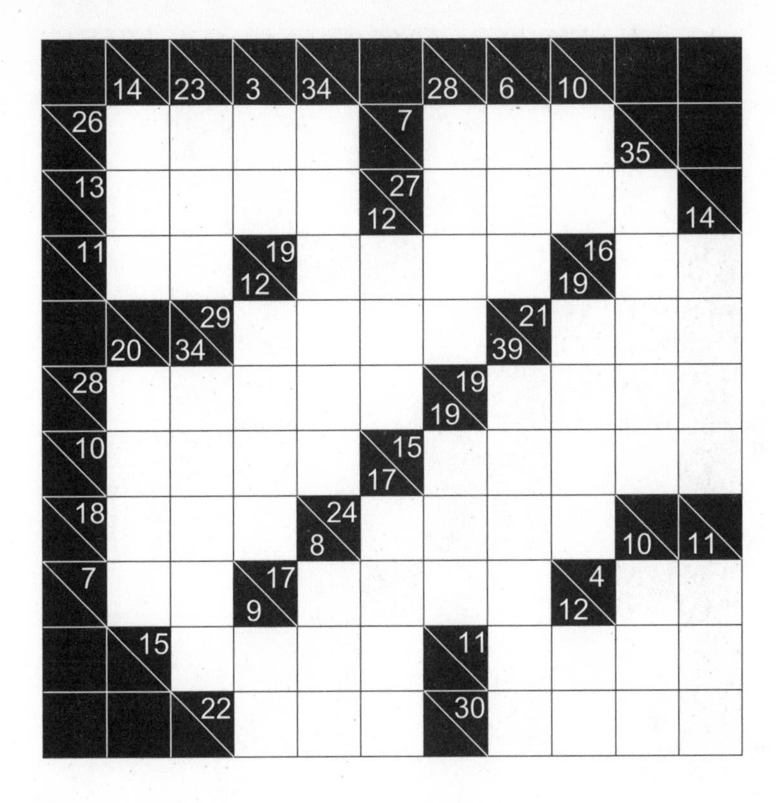

183

✳ ✳ ✳ ✳

184

185

✳
✳
✳
✳

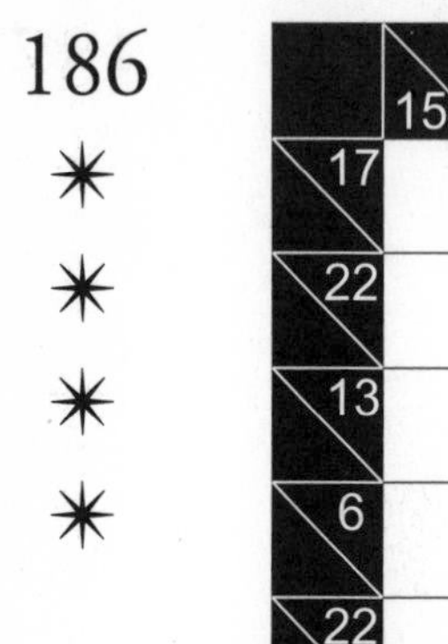
186

15 33 14 14 26 11 10 30
17 11 13 20
22 10 9
13 25 19 11 22
6 16 39
22 29 11 34 17
27 12 11 24
35 14 10 17
9 20 7 10 4
18 37
7 5 8

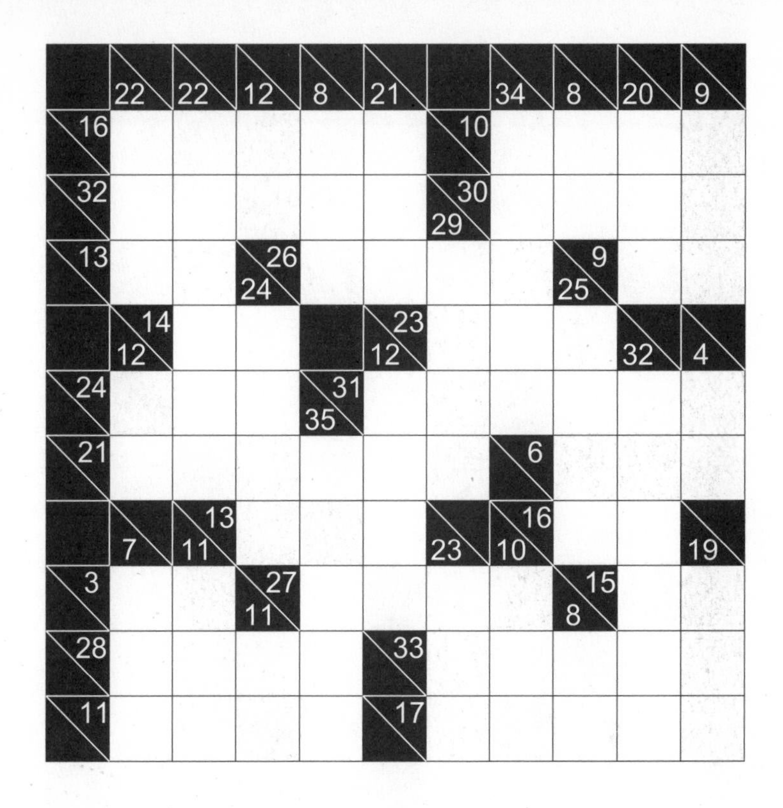
22
22
12
8
21
34
8
20
9
16
10
32
30
29
13
26
24
9
25
14
12
23
12
32
4
24
31
35
21
6
7
13
11
23
16
10
19
3
27
11
15
8
28
33
11
17

187

✳
✳
✳
✳

188

✳
✳
✳
✳

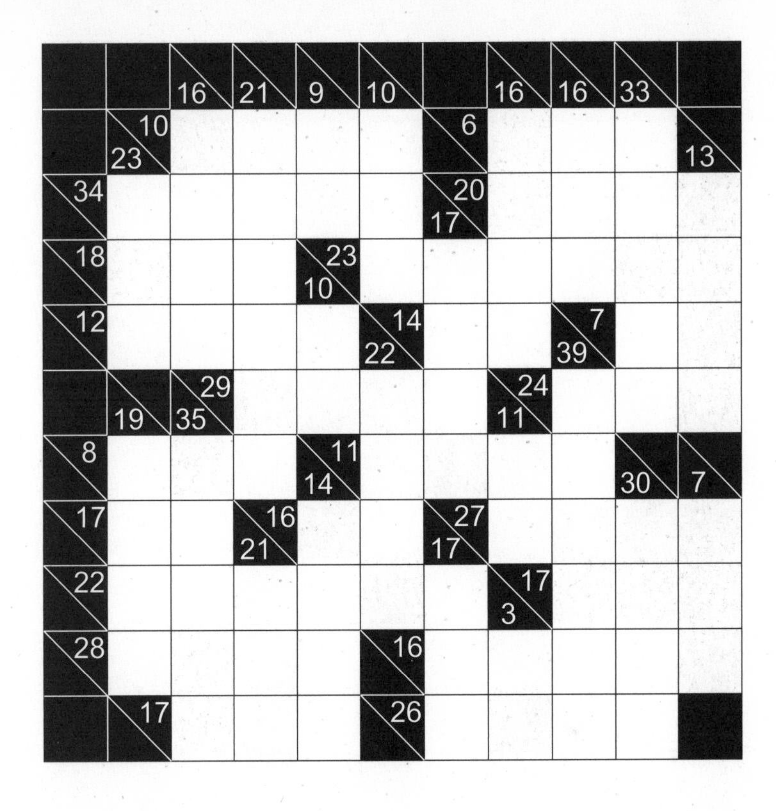
16
21
9
10
16
16
33
10
23
6
13
34
20
17
18
23
10
12
14
22
7
39
29
19
35
24
11
8
11
14
30
7
17
16
21
27
17
22
17
3
28
16
17
26

189

✳
✳
✳
✳

190

✳ ✳ ✳ ✳

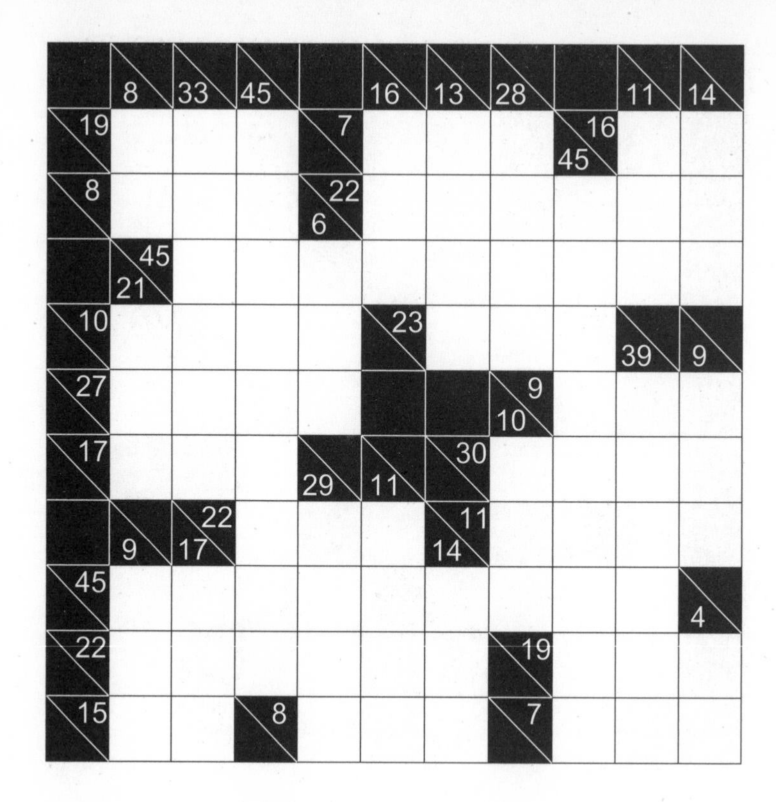

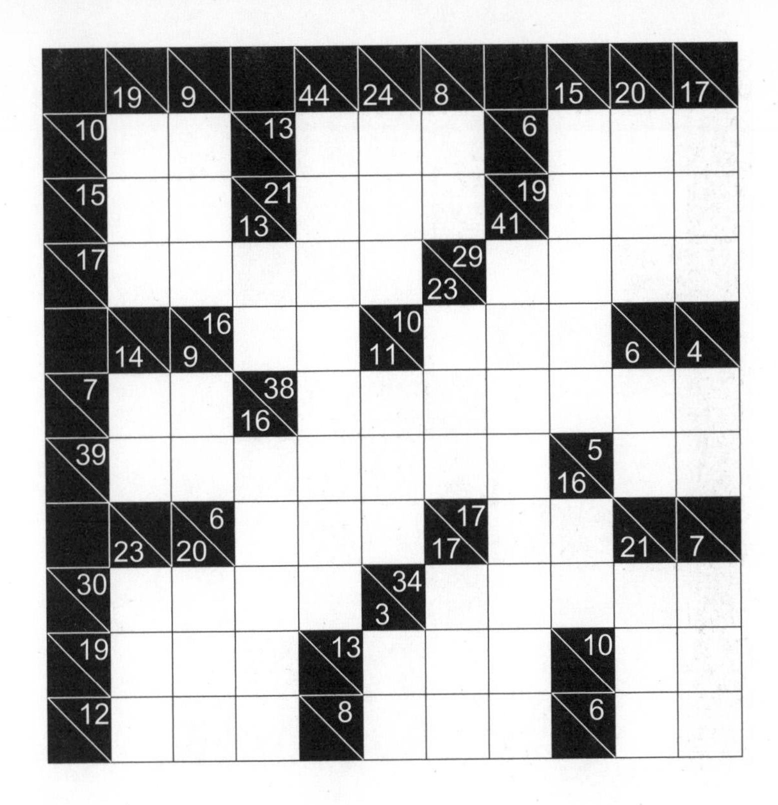

191

✳
✳
✳
✳

192

✳ ✳ ✳ ✳

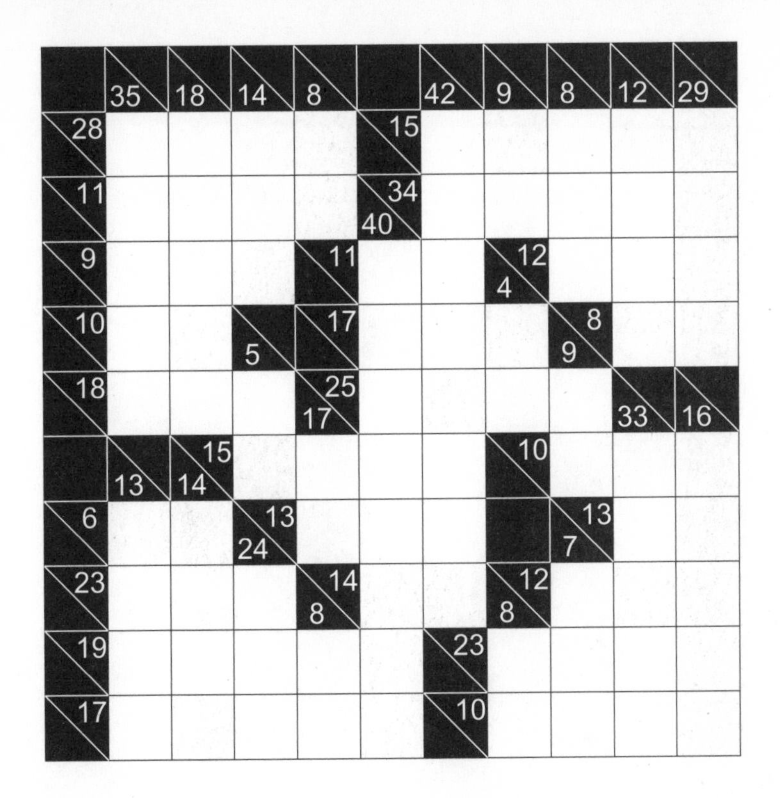

193

✳

✳

✳

✳

194

✳
✳
✳
✳

■	■	↓17	↓15	↓7	↓11	↓32	■	↓12	↓13	↓30
■	↓29 →33						→24			
→21							↓6 →14			
→11			↓22 →12					↓16 →9		
→23				■	↓34 →16					
→13				↓12 →22					↓35	↓25
■	↓28	↓10 →14					→9			
→34						↓8	↓13 →20			
→12			↓13 →11					↓4 →14		
→10				→36						
→19				→15						■

195

✳
✳
✳
✳

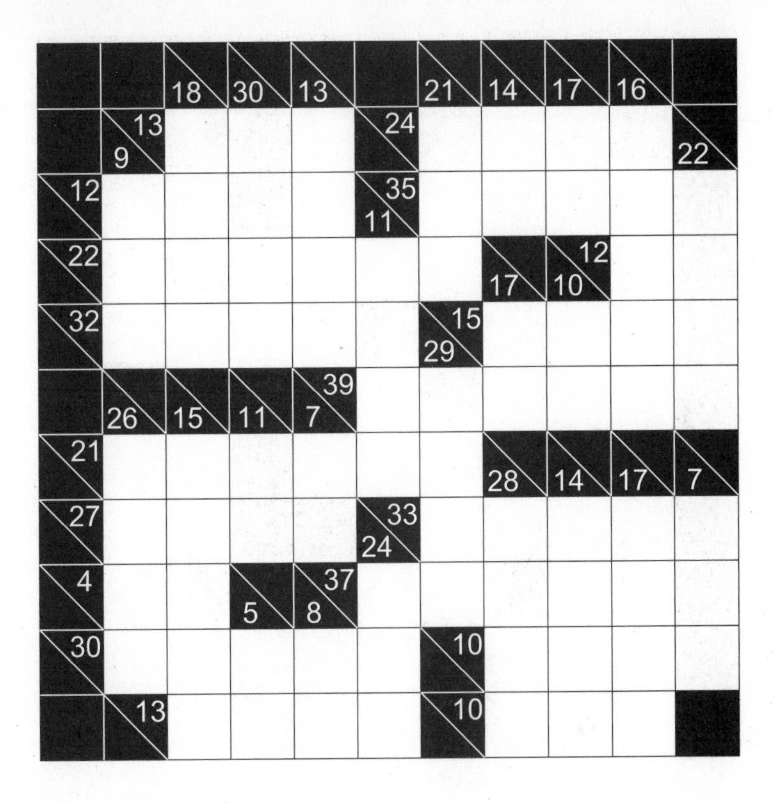

18
30
13
21
14
17
16
13
9
24
22
12
35
11
22
12
17
10
32
15
29
39
26
15
11
7
21
28
14
17
7
27
33
24
4
37
5
8
30
10
13
10

196

✳
✳
✳
✳

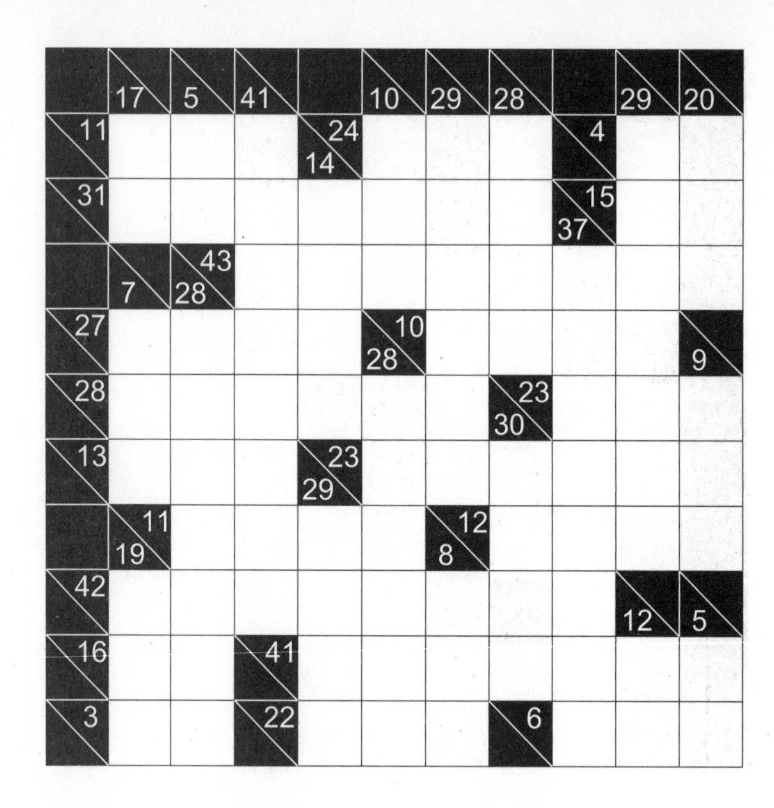

17
5
41
10
29
28
29
20
11
24
14
4
31
15
37
43
7
28
27
10
28
9
28
23
30
13
23
29
11
19
12
8
42
12
5
16
41
3
22
6

197

✳
✳
✳
✳

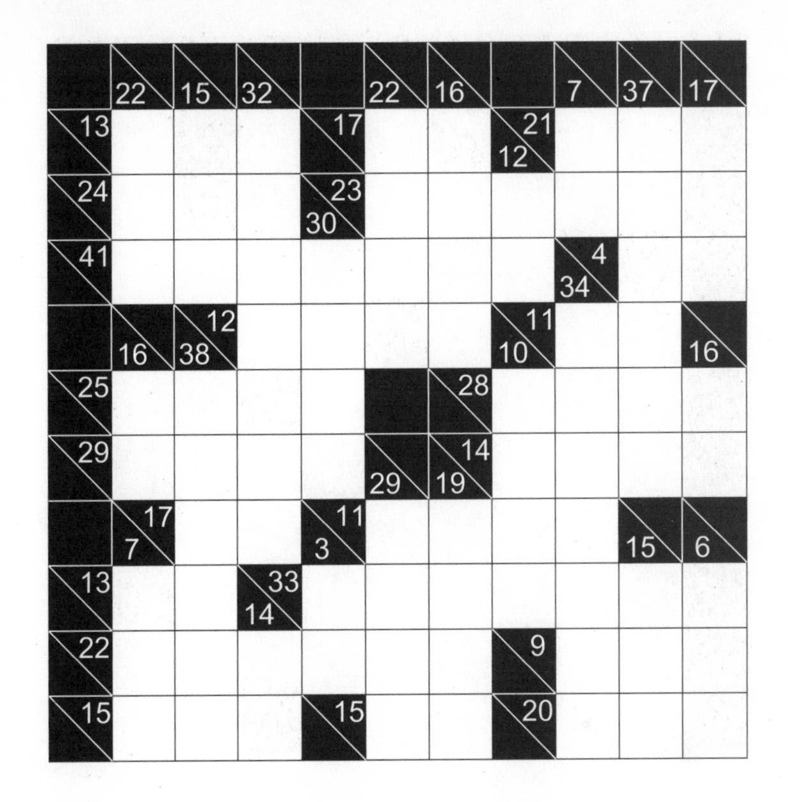

22
15
32
22
16
7
37
17
13
17
21
12
24
23
30
41
4
34
12
16
38
11
10
16
25
28
29
14
29
19
17
7
11
3
15
6
13
33
14
22
9
15
15
20

198

16
10
45
14
30
29
17
9
22
3
45
35
23
31
20
16
18
4
45
16
17
35
32
22
20
10
26
13
45
21
15
5
24
6
15
38
13
21

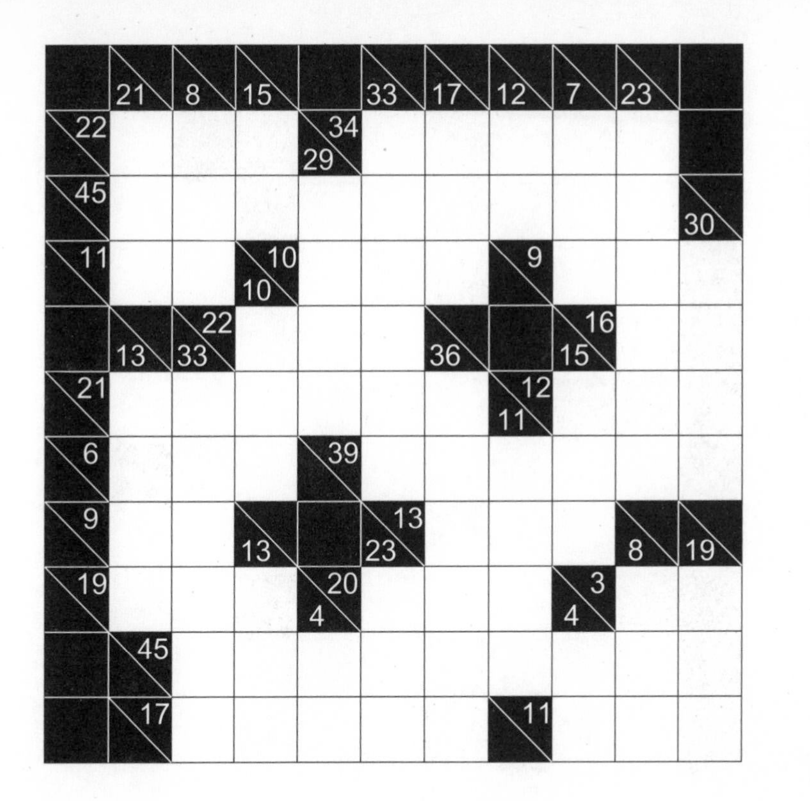

199

200

✳
✳
✳
✳

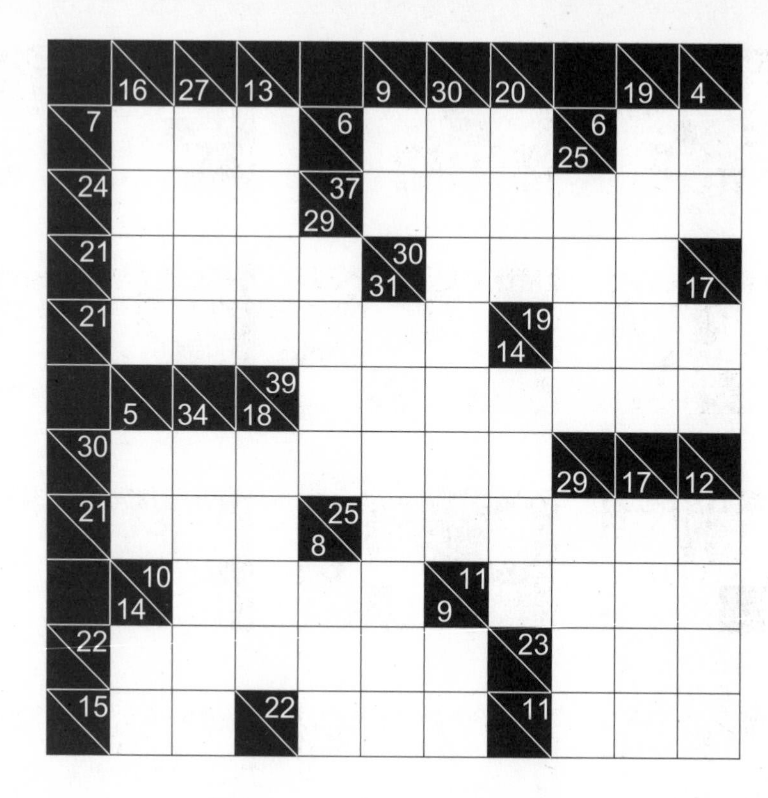

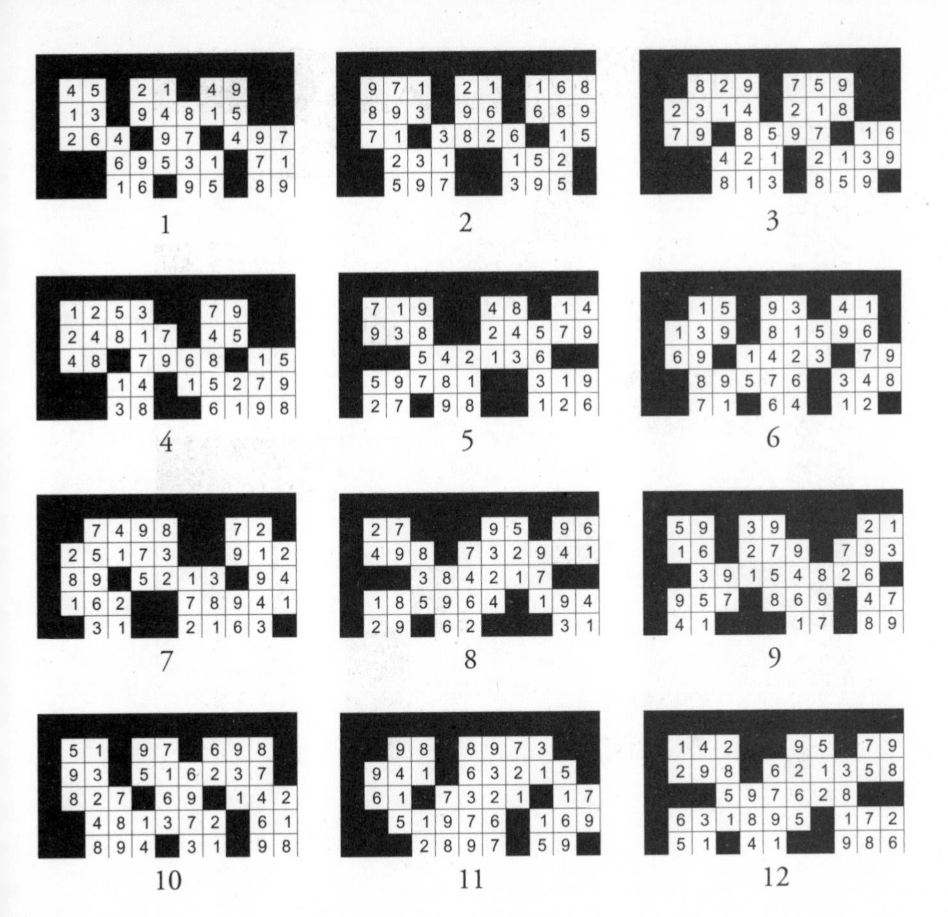
1
2
3
4
5
6
7
8
9
10
11
12

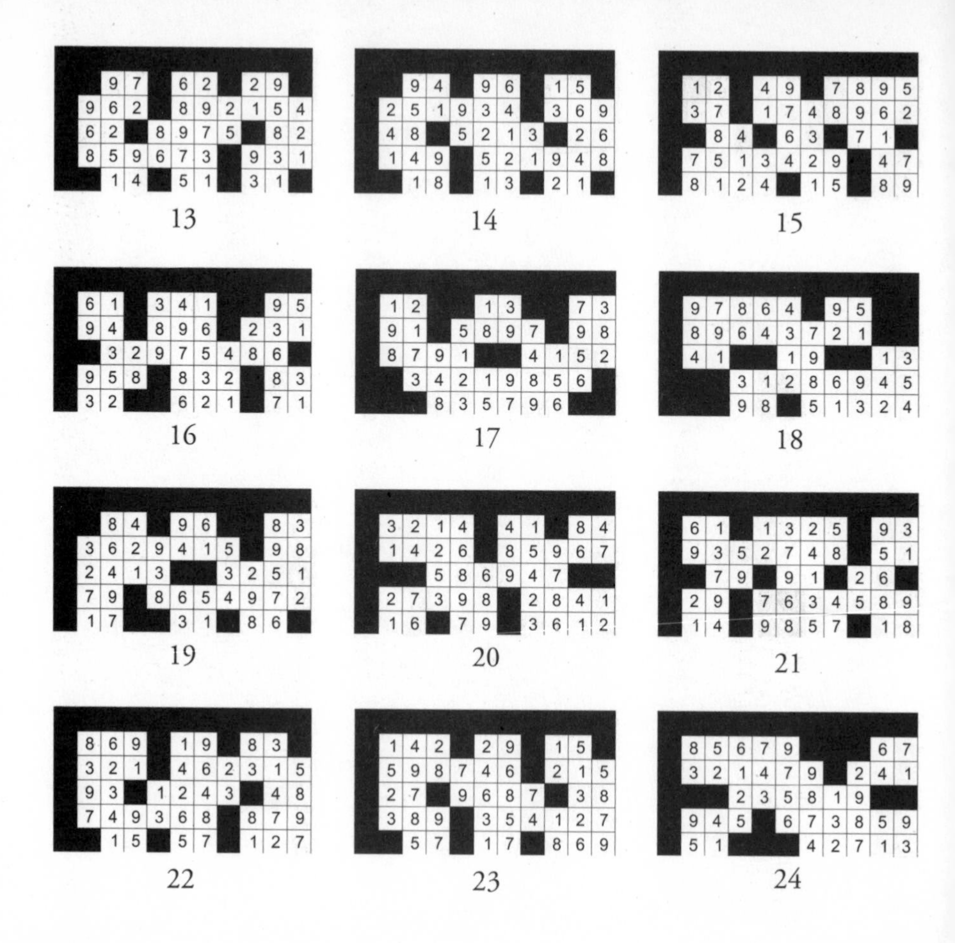

13 14 15 16 17 18 19 20 21 22 23 24

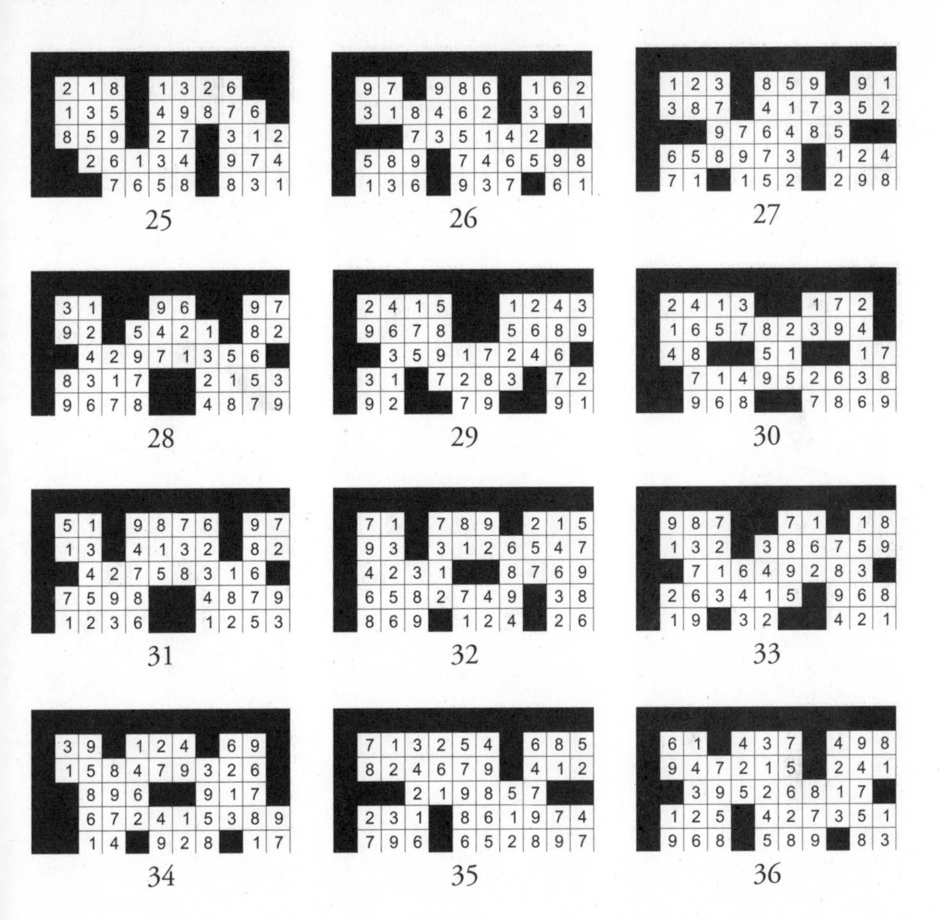
2 1 8 1 3 2 6
1 3 5 4 9 8 7 6
8 5 9 2 7 3 1 2
2 6 1 3 4 9 7 4
7 6 5 8 8 3 1
25
9 7 9 8 6 1 6 2
3 1 8 4 6 2 3 9 1
7 3 5 1 4 2
5 8 9 7 4 6 5 9 8
1 3 6 9 3 7 6 1
26
1 2 3 8 5 9 9 1
3 8 7 4 1 7 3 5 2
9 7 6 4 8 5
6 5 8 9 7 3 1 2 4
7 1 1 5 2 2 9 8
27
3 1 9 6 9 7
9 2 5 4 2 1 8 2
4 2 9 7 1 3 5 6
8 3 1 7 2 1 5 3
9 6 7 8 4 8 7 9
28
2 4 1 5 1 2 4 3
9 6 7 8 5 6 8 9
3 5 9 1 7 2 4 6
3 1 7 2 8 3 7 2
9 2 7 9 9 1
29
2 4 1 3 1 7 2
1 6 5 7 8 2 3 9 4
4 8 5 1 1 7
7 1 4 9 5 2 6 3 8
9 6 8 7 8 6 9
30
5 1 9 8 7 6 9 7
1 3 4 1 3 2 8 2
4 2 7 5 8 3 1 6
7 5 9 8 4 8 7 9
1 2 3 6 1 2 5 3
31
7 1 7 8 9 2 1 5
9 3 3 1 2 6 5 4 7
4 2 3 1 8 7 6 9
6 5 8 2 7 4 9 3 8
8 6 9 1 2 4 2 6
32
9 8 7 7 1 1 8
1 3 2 3 8 6 7 5 9
7 1 6 4 9 2 8 3
2 6 3 4 1 5 9 6 8
1 9 3 2 4 2 1
33
3 9 1 2 4 6 9
1 5 8 4 7 9 3 2 6
8 9 6 9 1 7
6 7 2 4 1 5 3 8 9
1 4 9 2 8 1 7
34
7 1 3 2 5 4 6 8 5
8 2 4 6 7 9 4 1 2
2 1 9 8 5 7
2 3 1 8 6 1 9 7 4
7 9 6 6 5 2 8 9 7
35
6 1 4 3 7 4 9 8
9 4 7 2 1 5 2 4 1
3 9 5 2 6 8 1 7
1 2 5 4 2 7 3 5 1
9 6 8 5 8 9 8 3
36

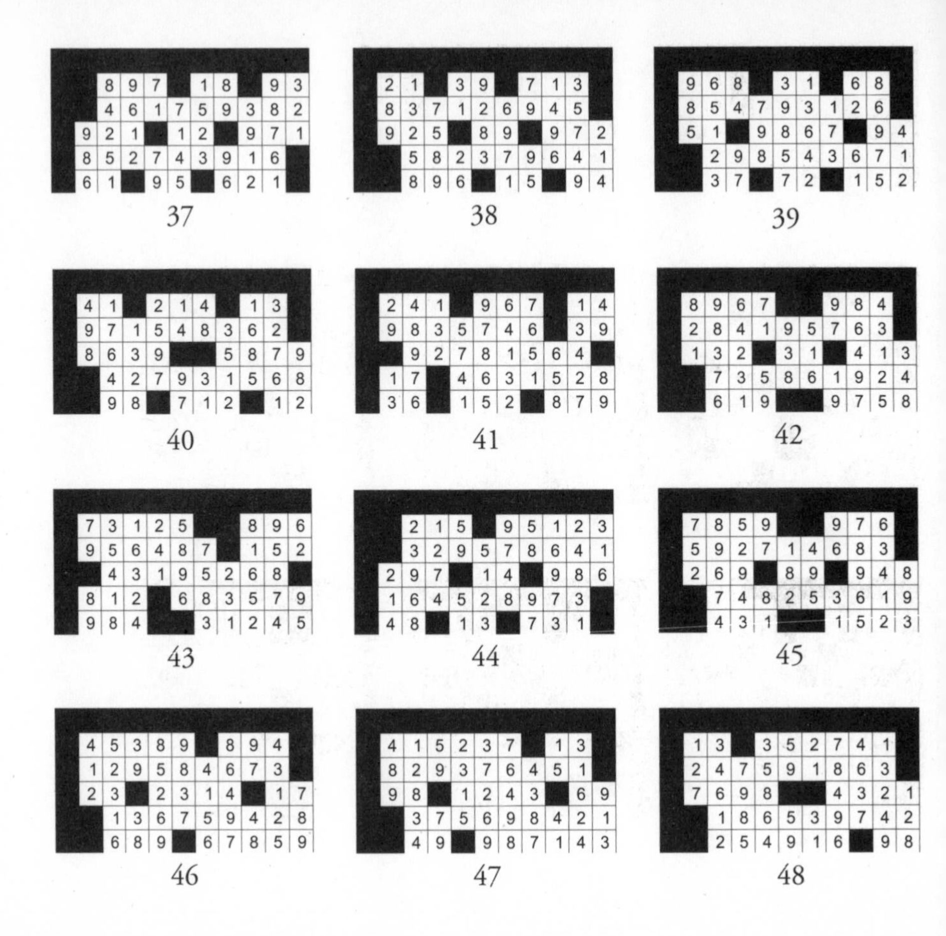

37 38 39

40 41 42

43 44 45

46 47 48

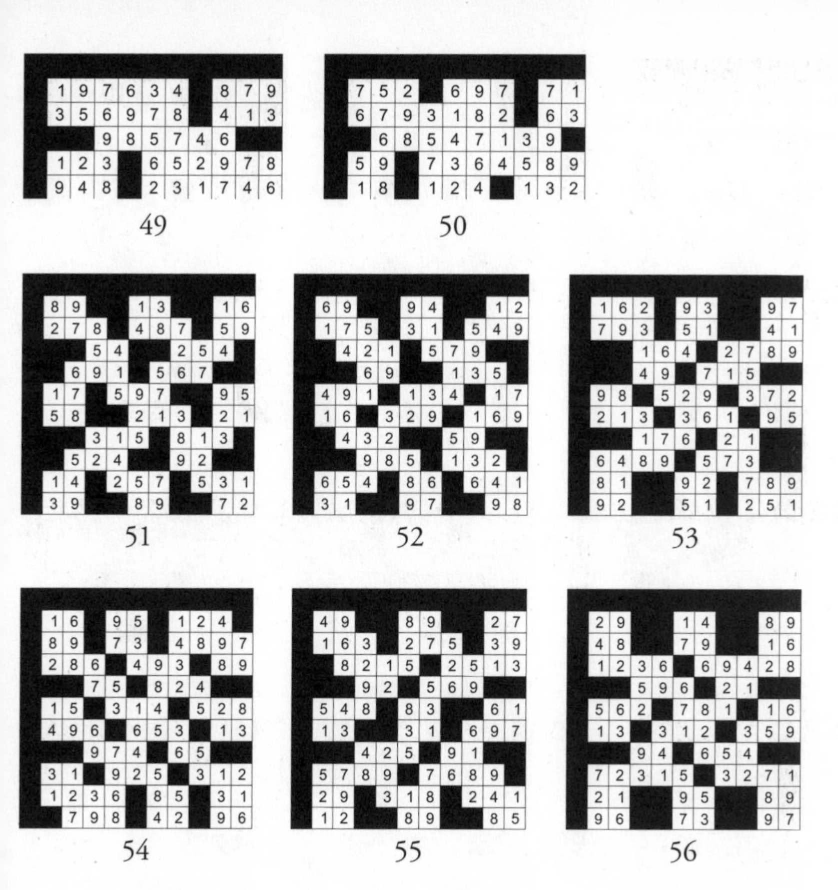

49 50

51 52 53

54 55 56

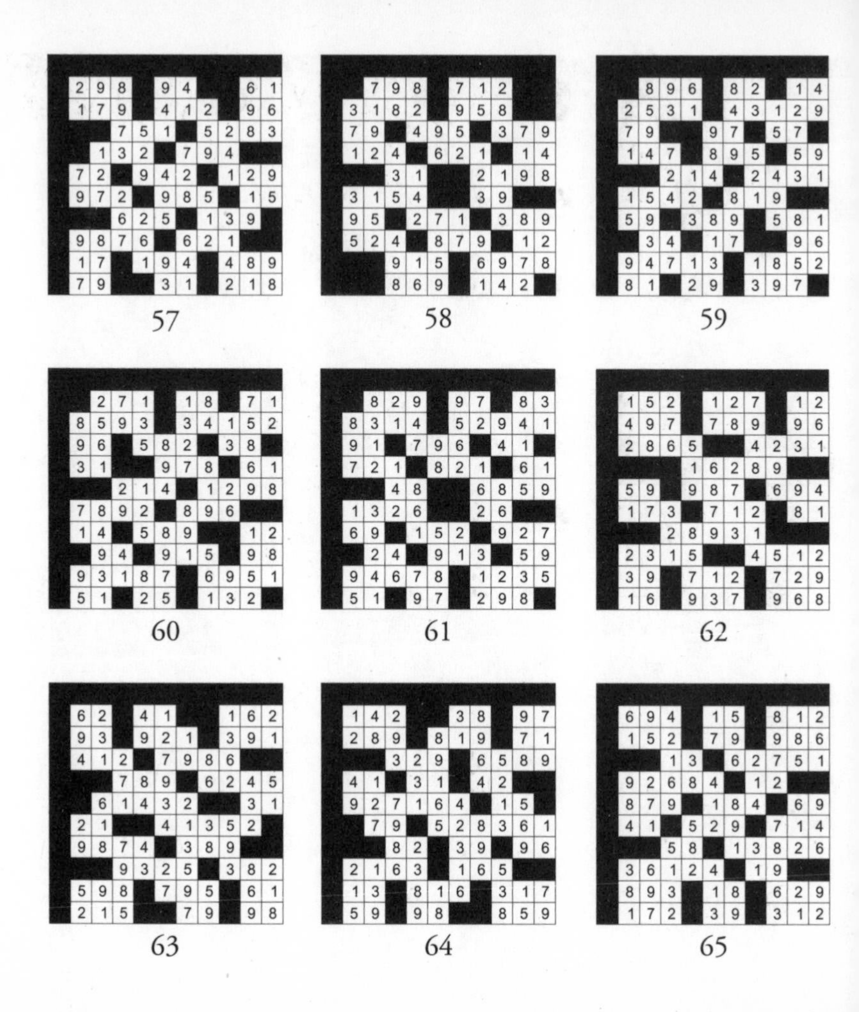
57
58
59
60
61
62
63
64
65

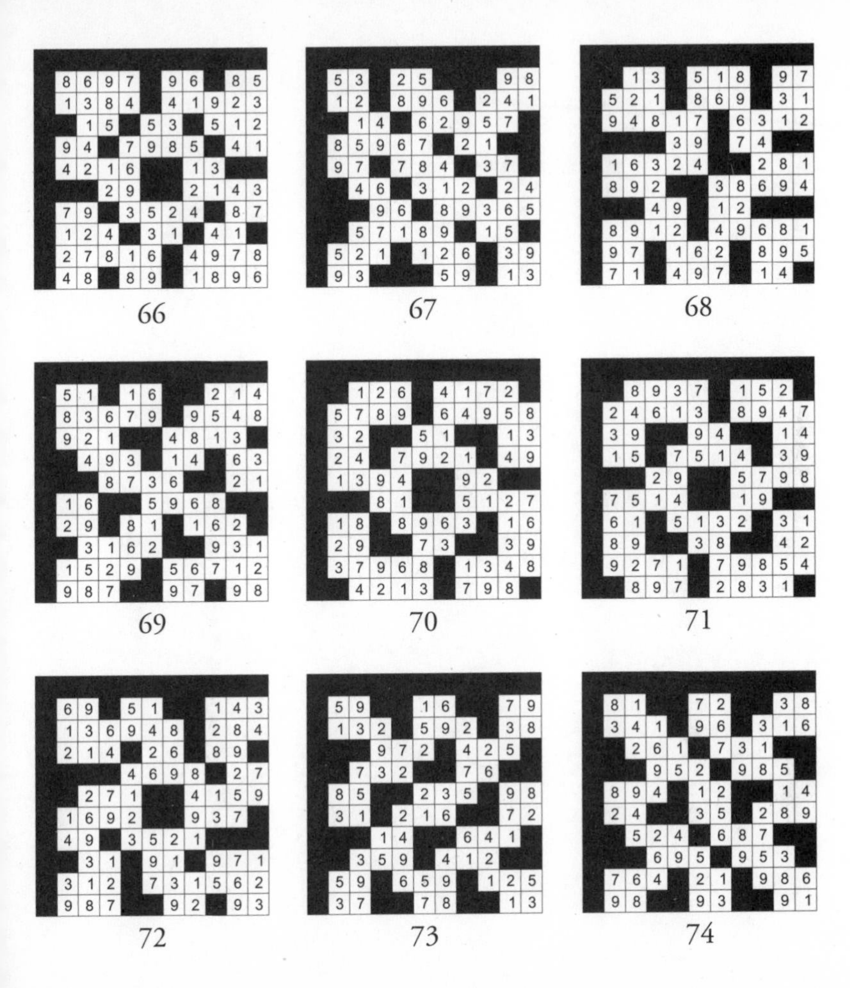

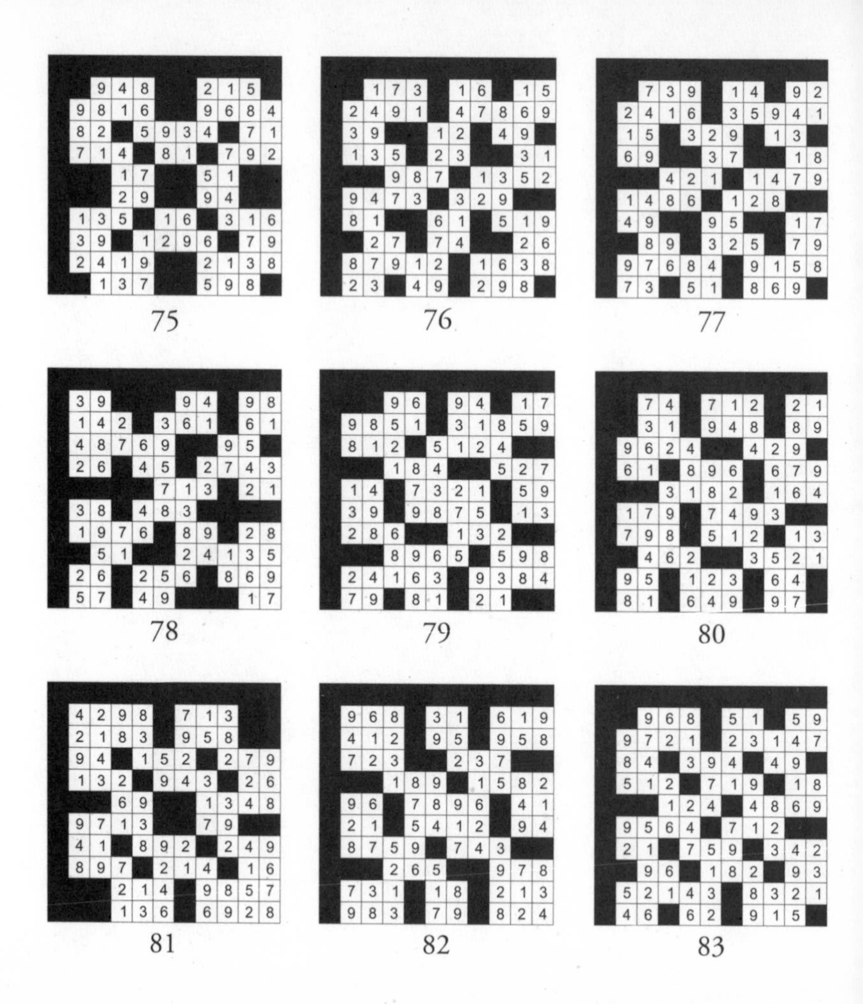

75 76 77

78 79 80

81 82 83

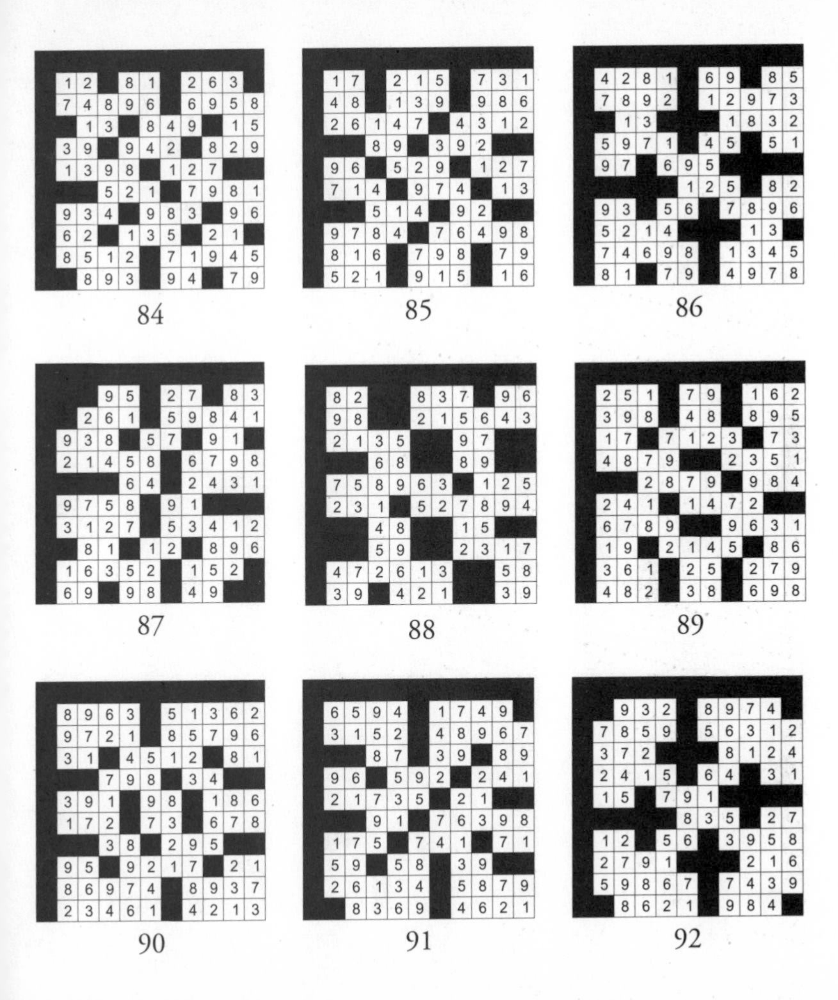

84 85 86

87 88 89

90 91 92

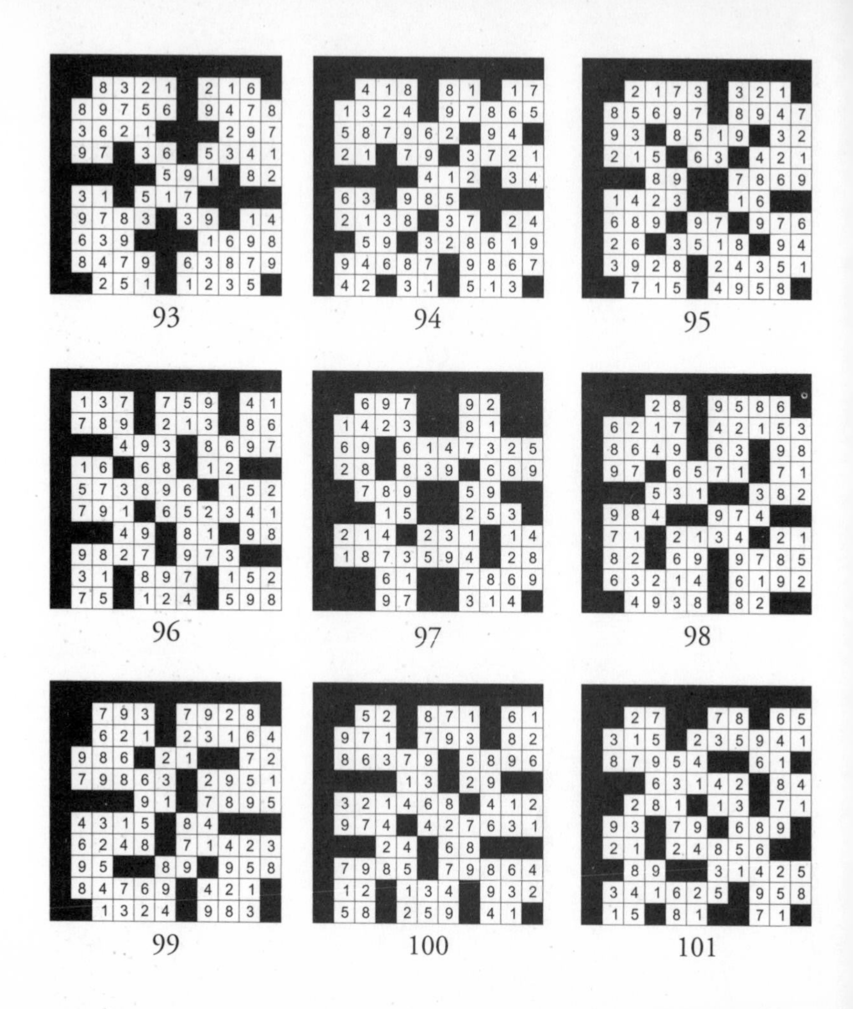

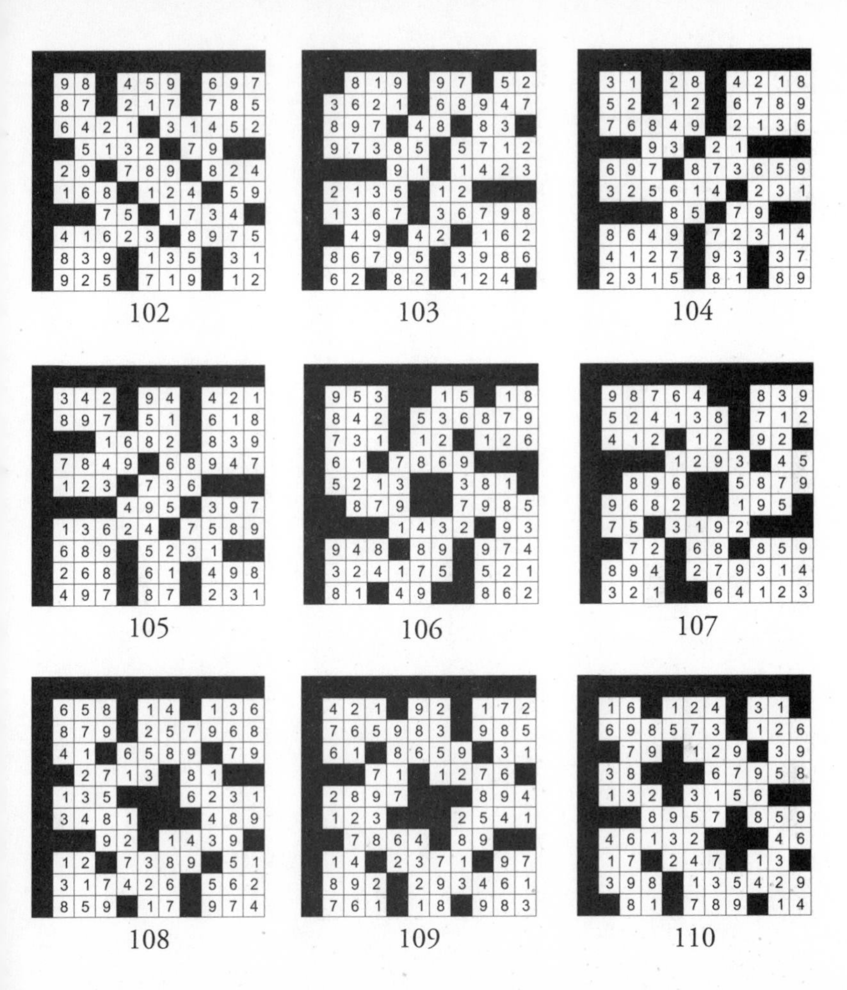

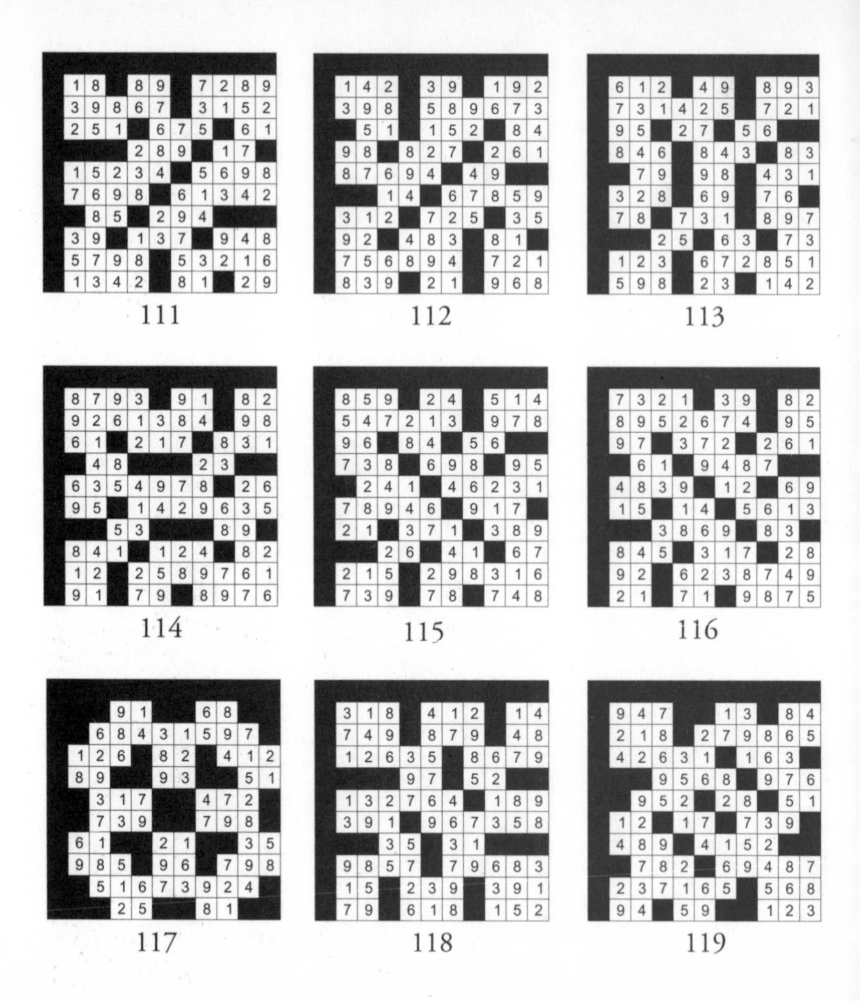

111 112 113

114 115 116

117 118 119

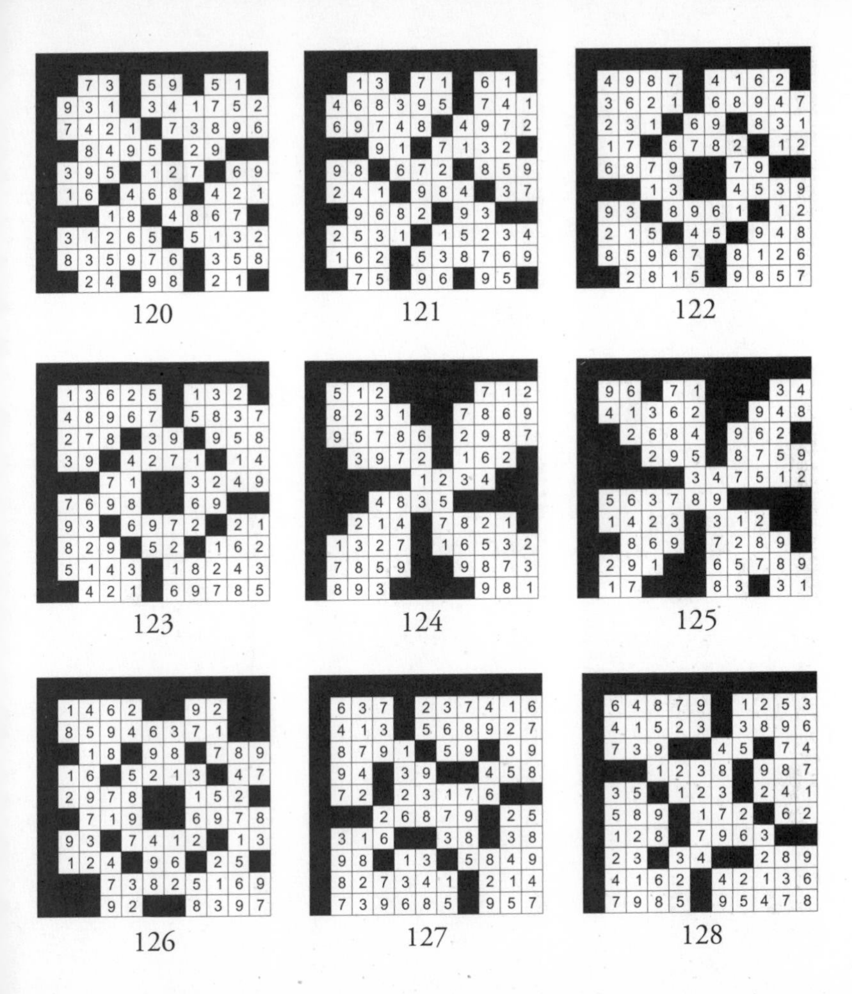
120
121
122
123
124
125
126
127
128

1	3	2	6		9	1	6	2	8
4	7	8	9		7	6	8	5	9
3	9		2	1	3			1	2
2	6			5	8	7	9	3	6
5	8	7	9			1	8		
		5	8			4	6	2	1
4	3	1	7	2	9			4	9
9	7			1	8	5		3	8
7	6	9	8	4		9	8	6	7
2	1	7	4	3		7	2	1	4

129

8	3	2	9	7		3	1	4	2
6	2	1	7	3		2	4	6	1
9	8			9	8	4		7	3
3	1	4		2	3	1		8	4
		7	2			7	8	9	6
5	7	9	8			5	9		
2	8		4	1	2		1	9	3
4	9		7	6	9			8	1
1	2	4	5		6	1	3	5	2
3	6	2	9		8	7	9	6	5

130

9	4	8		9	8			5	9
4	2	1		6	2		9	6	8
8	1			3	1		3	1	6
6	3	2	9	8	4	7		3	7
		1	4		3	1	5	2	4
8	9	5	7	6		2	1		
6	1		5	3	6	4	9	8	7
9	3	7		2	8			7	9
3	2	1		1	5		3	1	5
7	4			4	9		6	2	8

131

8	6	2	1		8	2		8	4
9	7	1	3		5	3	4	1	2
	9	4	6	8		9	8	7	5
1	3		7	9	1		7	9	1
5	8	9	4		4	8	9		
		5	2	4		7	6	3	5
2	8	7		7	1	5		7	9
4	9	8	7		2	3	7	1	
3	4	6	2	1		6	9	2	1
1	2		9	6		9	8	5	7

132

	2	1	9		9	7	4	8	
2	1	3	8		6	9	5	7	8
8	6	9		2	7		2	3	1
1	3	4	2	8		8	3	9	7
			5	9		9	1	6	3
9	7	3	8		6	7			
3	4	2	1		4	6	2	1	3
2	6	1		3	1		1	3	8
8	9	5	6	4		7	8	5	9
	8	6	9	1		1	4	2	

133

9	7	3		9	7	1		3	5
8	9	4		8	6	3	9	4	7
2	3	1	4				1	2	
6	8	2	7		2	5	3	1	4
		6	8	9	1	7		7	9
4	7		9	5	3	8	7		
2	5	1	6	4		9	8	5	7
	9	5				6	2	1	4
5	4	3	1	6	2		9	3	8
4	8		6	9	8		6	2	9

134

2	1	4	3		9	3		6	2
7	3	8	9		2	1	8	4	3
4	2	7	1	3		6	9	8	
		9	7	6	8	5		7	3
1	5			1	4	2		3	1
7	9		8	4	9			9	4
3	6		7	2	5	1	8		
	7	8	9		7	3	9	5	8
1	3	5	4	2		2	6	1	3
6	8		6	1		5	7	8	9

135

6	5	9	8		2	1		8	3
3	1	4	2		7	6	8	9	4
1	2	7		1	9		9	7	5
7	3	8	9	5	6		2	4	1
		3	6		8	4		5	2
7	4		7	2		9	8		
5	1	2		6	3	7	9	8	4
8	7	9		4	1		3	2	1
6	2	3	4	1		8	7	9	5
9	3		9	7		7	1	4	2

136

5	8	9	7		3	2	4	7	1
1	3	2	5		7	4	8	9	5
2	7	5	6	9		1	2	8	
4	9		9	8	2			6	1
		4	8		3	5	1	4	2
1	6	2	4	3		9	2		
8	7			2	9	7		1	7
	9	1	2		1	6	2	3	8
9	8	5	7	3		8	6	7	9
7	5	2	3	1		3	1	2	4

137

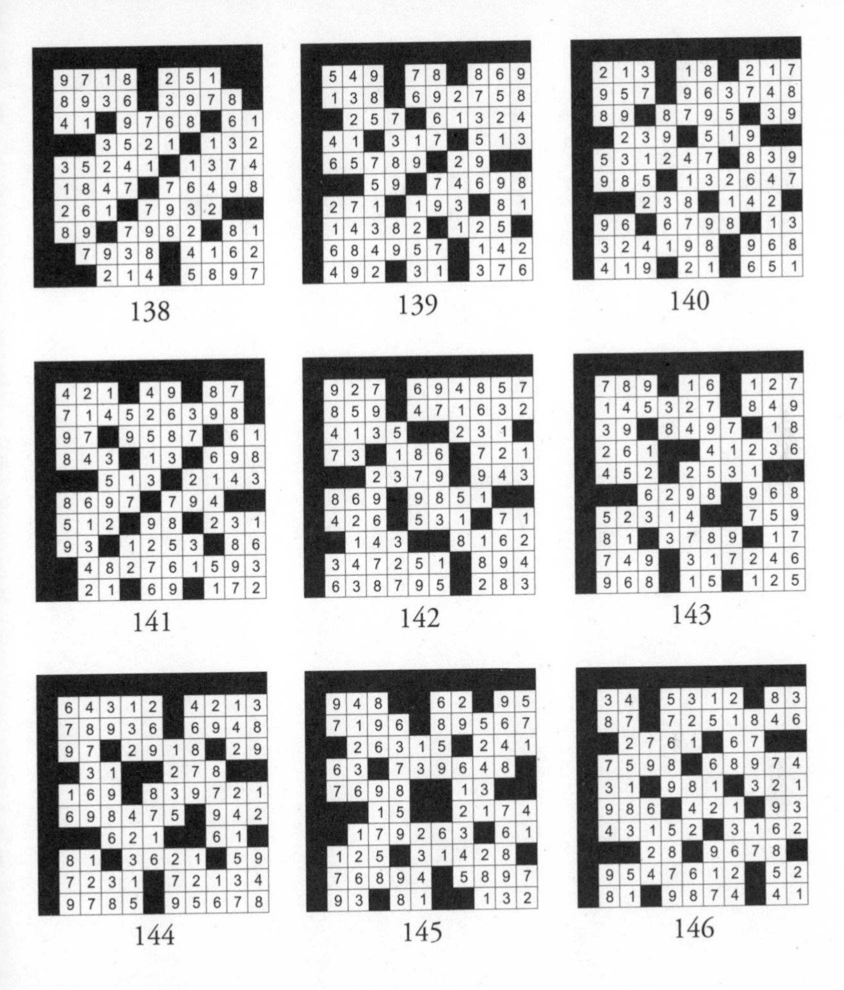

138 139 140 141 142 143 144 145 146

9	4				1	8		3	1
3	2	1		3	2	9	4	6	8
	7	9	8	6		5	3	1	
8	3		9	5	8	7	6		
2	5	8	3	1	7		1	5	
	1	6		4	6	5	2	8	9
		4	1	2	5	3		6	7
	8	9	6		4	1	2	3	
6	1	7	2	8	9		6	7	9
9	2		3	9				9	5

147

5	2		1	4				9	7
9	4	7	3	8	5		1	8	9
	1	6		9	8	4	5	7	
		9	8	6		1	2	5	3
	8	5	9	7	6	3		6	4
1	2		6	3	1	2	5	4	
5	9	4	7		7	6	9		
	3	2	5	1	4		8	3	
4	6	3		3	2	5	7	4	1
6	7				3	9		9	8

148

1	2		6	7	1		1	2	7
9	5		7	9	3		2	6	8
3	1	2	4	6		8	5	7	9
		6	9		8	5	4		
7	2		2	1	6	7	3	9	5
9	5	6	3	2	4	1		4	1
		9	8	3		4	7		
2	3	5	1		6	2	5	3	1
1	4	7		1	9	6		8	2
4	9	8		7	8	9		9	8

149

4	2	1	6		9	8		5	6
9	6	2	8	5	3	1		6	8
		3	9	8		2	1	3	5
8	9	4		1	2		5	8	9
3	2		1	3	5	7	2	4	
	5	9	7	4	6	8		1	3
6	1	2		2	9		7	2	5
9	7	8	3		8	7	9		
7	8		1	9	7	2	8	4	6
8	6		2	7		1	5	2	4

150

1	2	7		9	5	1		3	1
9	6	8		8	7	5	6	9	3
	3	9		3	4		9	8	4
3	1	5	2		3	9		6	2
9	5	6	7	4	2	8			
			4	5	1	3	2	7	6
9	7		9	8		7	5	9	8
6	2	1		1	8		4	6	
7	1	4	2	3	9		1	8	5
8	3		1	2	7		3	4	1

151

8	5	9	7		4	6	8	2	7
4	2	6	1		2	3	7	1	4
6	3	8		3	5		9	5	8
9	4			9	7	1		3	9
7	1	2		8	9	6	2		
		8	9	4	6		1	5	2
3	1		8	1	3			8	1
9	7	2		5	8		9	7	4
5	3	1	7	2		1	2	6	3
7	8	3	9	6		7	8	9	6

152

	3	4	6	2	1		2	5	1
6	5	9	8	7	3		1	7	3
9	7		9	6	5	8		9	2
4	2	1			7	9	6	8	4
8	1	3		5	2	3	1		
		6	8	7	9		9	7	2
3	8	2	1	6			5	8	3
1	3		4	9	3	1		9	8
2	6	1		8	2	7	9	6	1
7	9	8		4	1	2	3	5	

153

	1	3	2		9	7	2	8	
1	2	8	4		5	2	1	4	3
2	5	7	6	9	8			9	2
4	7	9	5	8		9	8	7	6
				5	3	4	2	6	1
3	8	9	5	7	6				
2	7	8	1		5	2	3	1	6
7	9			3	9	7	6	2	8
1	6	3	4	2		6	8	5	9
	5	9	7	4		1	9	3	

154

5	1	2		1	9	7		2	7
9	6	8		2	7	6	5	8	9
8	5				5	4	2	1	3
	9	7		6	8	9	7		
6	2	3	4	1		5	1	3	2
8	3	1	9		5	8	4	7	9
		2	8	1	3		3	9	
9	8	6	7	4				5	1
8	6	4	5	3	9		1	6	2
4	1		1	2	4		9	8	7

155

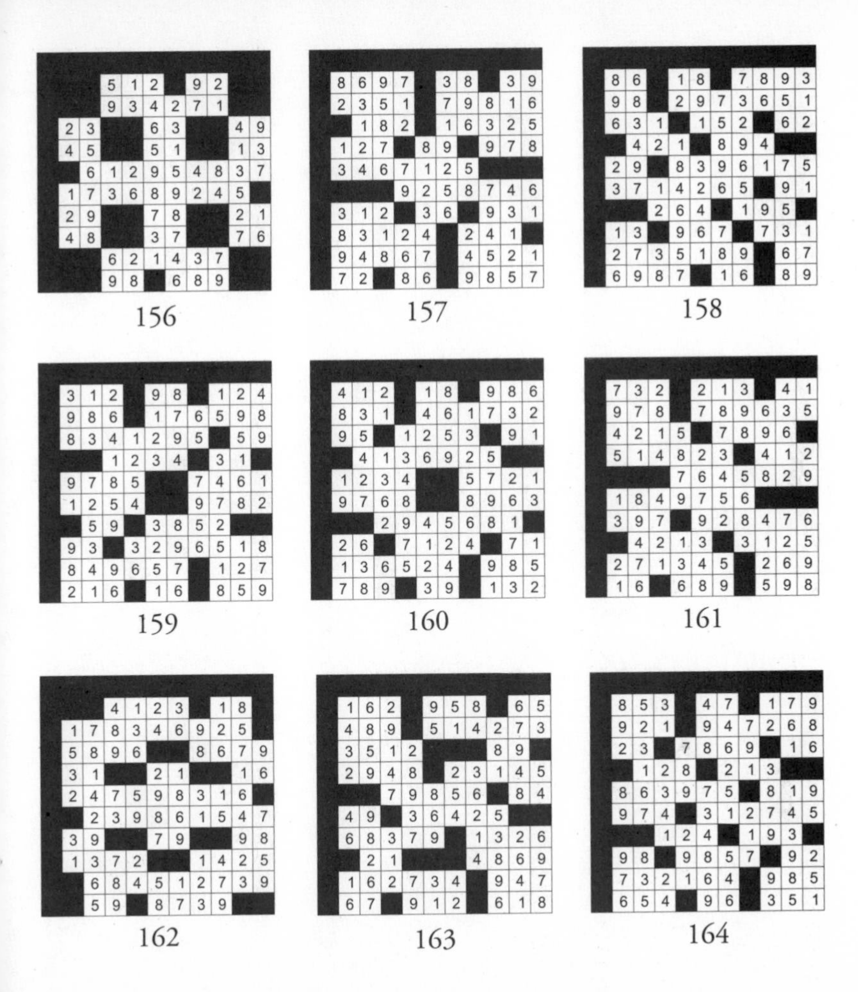
5 1 2 9 2
9 3 4 2 7 1
2 3 6 3 4 9
4 5 5 1 1 3
6 1 2 9 5 4 8 3 7
1 7 3 6 8 9 2 4 5
2 9 7 8 2 1
4 8 3 7 7 6
6 2 1 4 3 7
9 8 6 8 9
156
8 6 9 7 3 8 3 9
2 3 5 1 7 9 8 1 6
1 8 2 1 6 3 2 5
1 2 7 8 9 9 7 8
3 4 6 7 1 2 5
9 2 5 8 7 4 6
3 1 2 3 6 9 3 1
8 3 1 2 4 2 4 1
9 4 8 6 7 4 5 2 1
7 2 8 6 9 8 5 7
157
8 6 1 8 7 8 9 3
9 8 2 9 7 3 6 5 1
6 3 1 1 5 2 6 2
4 2 1 8 9 4
2 9 8 3 9 6 1 7 5
3 7 1 4 2 6 5 9 1
2 6 4 1 9 5
1 3 9 6 7 7 3 1
2 7 3 5 1 8 9 6 7
6 9 8 7 1 6 8 9
158
3 1 2 9 8 1 2 4
9 8 6 1 7 6 5 9 8
8 3 4 1 2 9 5 5 9
1 2 3 4 3 1
9 7 8 5 7 4 6 1
1 2 5 4 9 7 8 2
5 9 3 8 5 2
9 3 3 2 9 6 5 1 8
8 4 9 6 5 7 1 2 7
2 1 6 1 6 8 5 9
159
4 1 2 1 8 9 8 6
8 3 1 4 6 1 7 3 2
9 5 1 2 5 3 9 1
4 1 3 6 9 2 5
1 2 3 4 5 7 2 1
9 7 6 8 8 9 6 3
2 9 4 5 6 8 1
2 6 7 1 2 4 7 1
1 3 6 5 2 4 9 8 5
7 8 9 3 9 1 3 2
160
7 3 2 2 1 3 4 1
9 7 8 7 8 9 6 3 5
4 2 1 5 7 8 9 6
5 1 4 8 2 3 4 1 2
7 6 4 5 8 2 9
1 8 4 9 7 5 6
3 9 7 9 2 8 4 7 6
4 2 1 3 3 1 2 5
2 7 1 3 4 5 2 6 9
1 6 6 8 9 5 9 8
161
4 1 2 3 1 8
1 7 8 3 4 6 9 2 5
5 8 9 6 8 6 7 9
3 1 2 1 1 6
2 4 7 5 9 8 3 1 6
2 3 9 8 6 1 5 4 7
3 9 7 9 9 8
1 3 7 2 1 4 2 5
6 8 4 5 1 2 7 3 9
5 9 8 7 3 9
162
1 6 2 9 5 8 6 5
4 8 9 5 1 4 2 7 3
3 5 1 2 8 9
2 9 4 8 2 3 1 4 5
7 9 8 5 6 8 4
4 9 3 6 4 2 5
6 8 3 7 9 1 3 2 6
2 1 4 8 6 9
1 6 2 7 3 4 9 4 7
6 7 9 1 2 6 1 8
163
8 5 3 4 7 1 7 9
9 2 1 9 4 7 2 6 8
2 3 7 8 6 9 1 6
1 2 8 2 1 3
8 6 3 9 7 5 8 1 9
9 7 4 3 1 2 7 4 5
1 2 4 1 9 3
9 8 9 8 5 7 9 2
7 3 2 1 6 4 9 8 5
6 5 4 9 6 3 5 1
164

1	7	9		1	6		4	6	1
4	9	8		5	9		1	9	2
		5	3		7	9	5	8	6
5	3	7	1	9	4	6	2		
2	1	4		6	8	4		9	8
9	7		9	4	2		2	1	5
		8	6	5	3	2	4	7	9
2	1	6	4	3		1	3		
1	3	7		8	9		1	2	3
4	7	9		7	8		7	8	9

165

9	8	7		2	3	1		3	9
1	7	2		1	4	3	5	2	7
	9	3		3	6		9	4	8
3	5	1	2		7	1		1	4
9	1	4	5	7	8	2			
			7	8	9	5	1	6	2
8	9		1	6		9	6	7	8
2	4	1		9	6		2	9	
1	6	4	7	3	2		3	4	1
3	8		9	5	1		4	8	2

166

7	9		1	2	7		1	6	2
6	8	1	5	3	9		5	9	8
1	2	3		1	6	3	2	4	
		9	6	4	8	7		7	8
4	9	8	7			2	1	5	3
2	7	6	8			1	3	8	9
1	3		9	1	7	6	2		
	4	3	5	2	1		7	9	8
1	6	7		3	5	1	4	6	2
4	8	9		6	9	8		2	1

167

6	2		3	7	2	1		1	3
2	4		6	8	5	3	9	4	7
	1	4		9	3		8	2	9
8	7	9	4		1	2	3		
9	5		1	5	4	3	7	2	6
4	3	9	2	8	6	1		3	8
		7	9	1		5	7	8	9
2	1	6		3	2		9	5	
5	2	8	7	4	6	9		1	2
7	3		3	2	1	6		6	5

168

8	2	1		2	3	8		1	8
6	1	3		1	8	7	6	5	9
9	3				6	1	3	2	4
	5	9		6	7	2	8		
1	4	6	3	9		5	9	6	1
9	7	8	5		3	9	7	8	4
		5	1	2	4		5	1	
9	8	7	6	5				7	1
1	5	4	2	3	8		1	4	2
7	9		4	1	9		8	9	3

169

4	9	7		4	9	8	7		
2	4	5	1	3	7	6	8		
8	3		6	2	8		3	5	1
	5	1		1	5	2		3	2
6	2	3	1		6	4	2	1	3
8	6	7	9	4		9	8	7	5
7	1		3	1	7		9	8	
9	8	5		2	3	1		2	1
		2	7	5	9	6	1	4	3
		1	9	3	8		8	9	6

170

9	7	8	3		7	8		2	1
2	5	3	1		8	9	7	4	6
	9	6	2		2	6	5	1	3
5	8	9		1	3		9	3	8
9	6	2	5	3	4	7			
			3	2	6	9	8	1	4
7	9	8		5	9		4	2	1
3	5	1	2	4		1	5	3	
1	7	2	4	9		2	7	4	9
2	8		1	6		7	9	6	8

171

9	5		2	8		7	8	9	3
8	1		1	5	7	4	3	8	2
4	2	1		2	5	8		5	1
	4	6	3		9	3	5		
1	3		5	1	6	2	4	3	7
3	6	5	7	4	8	9		5	9
		9	8	6		5	4	6	
9	8		4	3	9		9	8	2
8	4	9	6	2	7	5		7	1
7	1	3	2		4	1		9	6

172

9	8	2		3	1		1	9	7
3	2	1		7	3	9	5	8	6
8	1		7	9	4	8		6	2
	7	3	9	8	2	6	4		
1	5	2	6			1	2	4	8
7	9	5	8			3	1	5	9
		1	4	8	2	5	6	7	
9	6		1	6	3	4		9	2
4	3	5	2	7	1		4	6	1
8	7	9		9	7		9	8	5

173

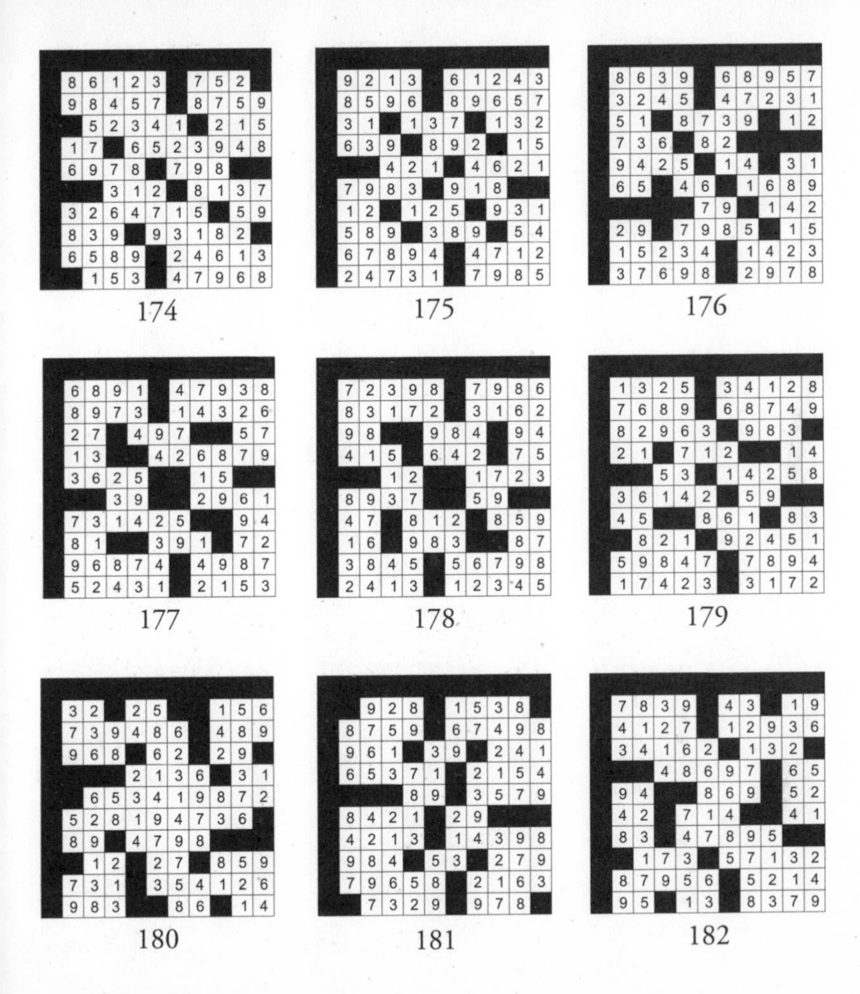

174 175 176

177 178 179

180 181 182

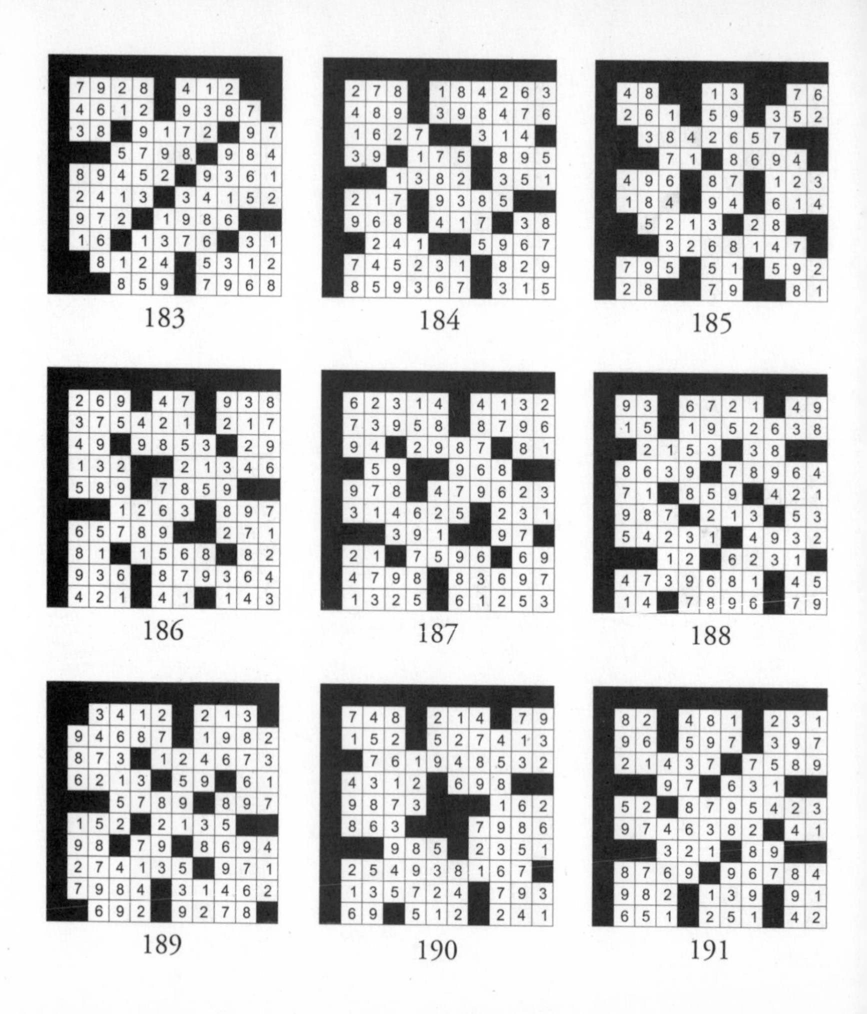

183 184 185

186 187 188

189 190 191

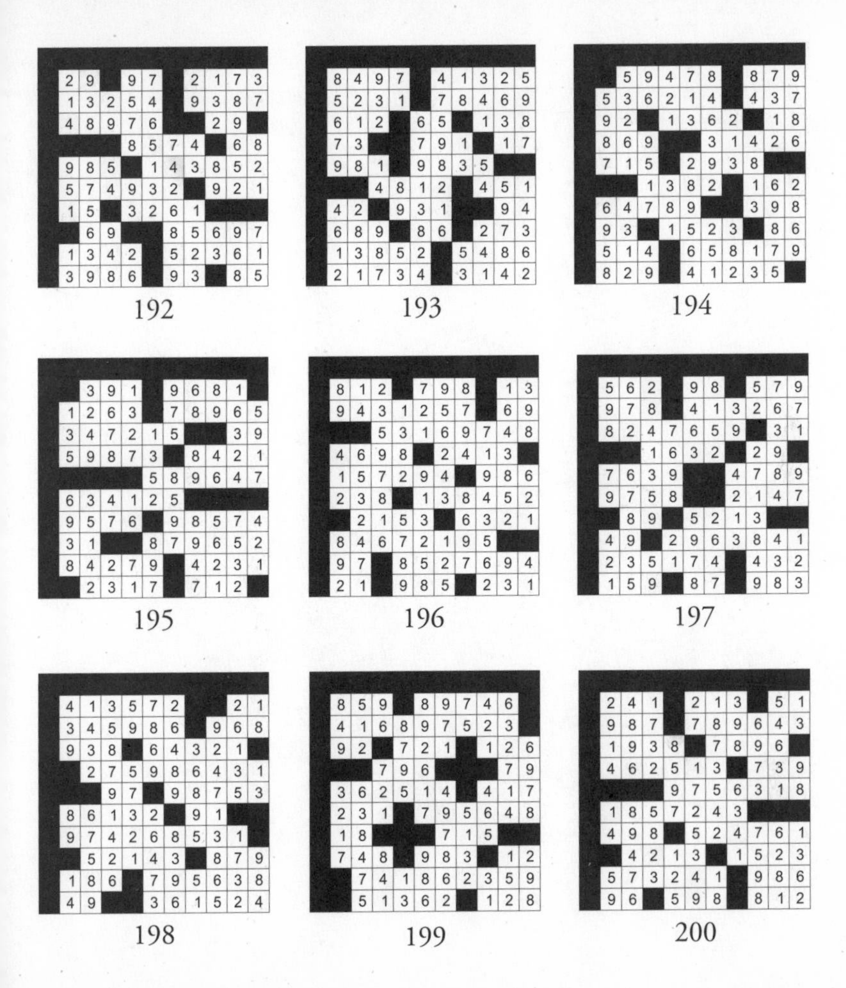

192 193 194

195 196 197

198 199 200

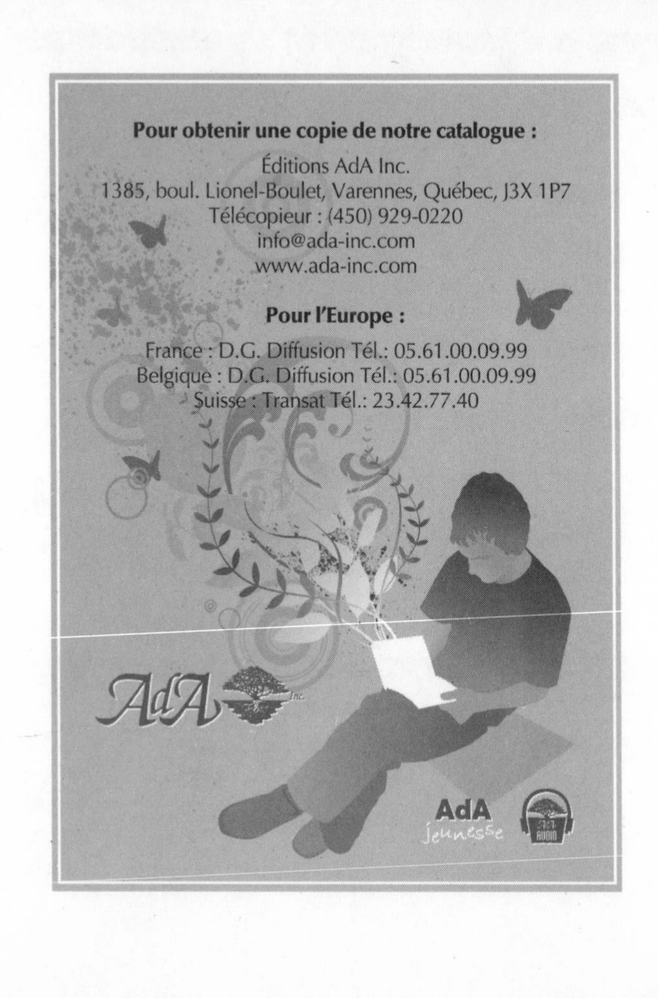

Pour obtenir une copie de notre catalogue :
Éditions AdA Inc.
1385, boul. Lionel-Boulet, Varennes, Québec, J3X 1P7
Télécopieur : (450) 929-0220
info@ada-inc.com
www.ada-inc.com
Pour l'Europe :
France : D.G. Diffusion Tél.: 05.61.00.09.99
Belgique : D.G. Diffusion Tél.: 05.61.00.09.99
Suisse : Transat Tél.: 23.42.77.40
AdA Inc.
AdA jeunesse